財務報表分析

主　編　吳曉江　戴生雷　史予英

崧燁文化

 # 前 言

　　經營管理者、股權投資者、債權投資者、社會仲介機構、政府職能部門等都需要瞭解企業。只有瞭解企業，才能做出正確的與企業相關的決策。而財務信息是瞭解企業的最為重要的渠道，是對企業財務狀況和經營成果的綜合、系統、連續、完整的反應。但是企業的財務信息內容龐雜、形式多樣，如果面面俱到地去瞭解財務信息，則可能抓不住重點。因此，恰當的財務報表分析可以幫助決策者掌握企業財務信息反應的相關財務狀況和經營成果，迅速準確地抓住與自身決策密切相關的問題。本書的目的就在於讓讀者掌握財務分析的基本程序、重要內容以及財務分析的常用方法與技巧，使讀者不僅能看懂財務信息，還能讀透財務報表、運用財務數據，通過財務報表分析對企業的方方面面作出評判，找到存在的問題，做出準確的決策。

　　本書涉及的財務報表分析是指以財務報表及相關資料為基礎，以分析主體的信息需求為目標，運用特定的分析工具與方法對企業的經營狀況進行評判，以幫助財務信息使用者進行科學決策的過程。相應地，財務報表包括對外提供的財務報表和企業內部管理使用的財務報表，而財務報表分析包括對財務報表項目及由此衍生出來的財務指標進行解讀、財務指標的具體應用，涵蓋了財務分析的重要方面。

　　本書在編寫過程中，參考了大量的著作、文獻及最新財務軟件，吸收了不少國內學者的學術成果，未能一一註明，在此一併致謝。由於編者水平有限，加之編寫時間倉促，書中難免有疏漏之處，懇請各位讀者批評指正！

編者

目 錄

項目一 總 論 …… 1

任務一 財務報表分析的目的 …… (2)
　一、經營管理者的目的 …… (2)
　二、債權投資者的目的 …… (3)
　三、股權投資者的目的 …… (4)
　四、政府職能部門的目的 …… (4)
　五、社會仲介機構的目的 …… (5)
　六、其他財務報表分析主體的目的 …… (5)

任務二 財務報表分析的框架 …… (6)
　一、財務報表分析框架中的層次關係 …… (7)
　二、財務報表分析框架中各模塊的經濟含義及其聯繫 …… (8)

任務三 財務報表分析的應用 …… (10)
　一、財務報表分析在企業外部的應用 …… (10)
　二、財務報表分析在企業內部的應用 …… (12)

任務四 財務報表分析的程序 …… (13)

項目二 財務信息提供的載體、要素、等式及假設與原則 …… 16

任務一 財務信息提供的載體 …… (16)
　一、財務報表和財務報表附註 …… (16)
　二、財務報表之間的內在聯繫 …… (18)
　三、財務報表附註及審計報告 …… (19)

財務報表分析

任務二 財務信息提供的要素和等式 (22)
 一、會計要素 (22)
 二、會計等式 (23)

任務三 財務信息提供的基本假設和一般原則 (24)
 一、財務信息提供的基本假設 (25)
 二、財務信息提供的一般原則 (29)

項目三 會計政策選擇分析   33

任務一 主要的會試政策 (34)
 一、企業合併的會計政策 (34)
 二、資產確認的會計政策 (35)
 三、收入確認的會計政策 (38)
 四、資產減值的會計政策 (39)
 五、關聯方與關聯方交易的會計政策 (40)
 六、會計政策或會計估計變更 (44)

任務二 會計政策選擇分析的步驟 (44)
 一、明確關鍵的會計政策 (44)
 二、評價企業會計政策選擇的靈活性 (45)
 三、會計政策評估 (45)
 四、評價企業的信息披露質量 (47)
 五、辨別潛在風險信號 (48)
 六、調整報表 (50)

項目四 償債能力分析   53

任務一 短期償債能力 (53)
 一、流動比率 (54)
 二、速動比率 (56)
 三、現金比率 (57)
 四、現金流量比率 (57)
 五、流動負債保障倍數 (58)

任務二　長期償債能力 ························ (59)
一、資產負債率 ···························· (59)
二、有息資本比率 ·························· (60)
三、長期資本負債率 ························ (61)
四、償債保障比率 ·························· (61)
五、利息保障倍數 ·························· (61)
六、現金利息倍數 ·························· (62)

任務三　償債能力分析的其他問題 ················ (63)
一、資產估值與償債能力 ···················· (63)
二、潛在債務或潛在償債能力的影響 ············ (63)
三、企業外部環境條件對償債能力的影響 ········ (64)

項目五　盈利能力分析 ·························· 66

任務一　業務獲利能力 ························ (67)
一、銷售毛利率 ···························· (67)
二、銷售利潤率 ···························· (68)
三、銷售淨利率 ···························· (69)

任務二　資產獲利能力 ························ (70)
一、總資產報酬率 ·························· (70)
二、股東權益報酬率 ························ (71)

任務三　市場獲利能力 ························ (74)
一、每股收益 ······························ (74)
二、每股淨資產 ···························· (75)
三、市盈率 ································ (75)
四、市淨率 ································ (76)

項目六　財務報表分析的基本方法 ················ 78

任務一　比較、比率和趨勢分析方法 ·············· (78)
一、比較分析法 ···························· (79)
二、比率分析法 ···························· (80)

三、趨勢分析法 ·· (81)

任務二　因素和因子分析方法 ··· (81)
　　一、因素分析法 ·· (82)
　　二、因子分析法 ·· (85)

任務三　綜合分析法 ··· (87)
　　一、財務報表綜合分析的特點 ··· (88)
　　二、財務報表綜合分析方法的具體類型 ···························· (89)

項目七　營運能力分析　　92

任務一　流動資產營運能力 ·· (92)
　　一、存貨週轉能力指標 ·· (93)
　　二、應收帳款週轉能力 ·· (95)
　　三、流動資產週轉能力 ·· (97)
　　四、應付帳款週轉能力 ·· (98)

任務二　非流動資產營運能力 ··· (100)
　　一、固定資產週轉率 ··· (100)
　　二、非流動資產週轉能力 ··· (101)

任務三　全部資產營運能力 ·· (102)

項目八　盈利能力分析　　104

任務一　盈利能力分析的目的和內容 ································· (104)
　　一、盈利能力分析的目的 ··· (104)
　　二、盈利能力分析的內容 ··· (105)

任務二　盈利能力指標分析與評價 ···································· (106)
　　一、銷售盈利能力分析 ·· (106)
　　二、資本與資產經營盈利能力分析 ································ (108)

項目九　市場價值分析　　110

任務一　市場價值分析的意義和作用 ································· (110)
　　一、企業市場價值分析的意義 ······································· (111)

4

目　錄

　　二、企業整體經濟價值的類別 …………………………………………（113）

任務二　市場價值財務指標分析 ………………………………………（116）

　　一、普通股每股收益 ……………………………………………………（116）

　　二、市盈率 ………………………………………………………………（118）

　　三、股利支付率 …………………………………………………………（118）

　　四、市淨率 ………………………………………………………………（119）

　　五、其他市場價值分析指標 ……………………………………………（119）

項目十　企業綜合財務分析　121

任務一　杜邦財務分析體系 ……………………………………………（121）

　　一、杜邦財務分析體系的框架 …………………………………………（121）

　　二、杜邦財務分析體系的分析思路 ……………………………………（122）

　　三、杜邦財務分析體系評價 ……………………………………………（124）

任務二　盈利因素驅動模型 ……………………………………………（125）

　　一、盈利因素驅動模型概述 ……………………………………………（125）

　　二、盈利因素驅動模型的第一重分解 …………………………………（125）

　　三、盈利因素驅動模型的第二重分解 …………………………………（126）

　　四、盈利因素驅動模型的第三重分解 …………………………………（128）

　　五、盈利因素驅動模型的特點 …………………………………………（128）

任務三　綜合財務評價體系 ……………………………………………（129）

　　一、綜合財務評價體系的原理和基本步驟 ……………………………（129）

　　二、國資委的中央企業綜合績效評價 …………………………………（130）

項目十一　現金流量表閱讀與分析　134

任務一　現金流量表分析概述 …………………………………………（134）

　　一、現金及現金流量表 …………………………………………………（134）

　　二、現金流量的分類 ……………………………………………………（135）

　　三、現金流量表的結構 …………………………………………………（136）

　　四、現金流量表分析的內容 ……………………………………………（137）

　　五、報表分析實例 ………………………………………………………（138）

財務報表分析

任務二　現金流量增減變動分析 ……………………………………… (140)
　　一、編制現金流量水平分析表 …………………………………… (140)
　　二、現金流量增減變動情況分析 ………………………………… (142)
任務三　現金流量結構分析 …………………………………………… (143)
　　一、現金流入結構分析 …………………………………………… (143)
　　二、現金流出結構分析 …………………………………………… (144)
　　三、淨現金流量結構分析 ………………………………………… (145)
任務四　現金流量項目分析 …………………………………………… (147)
　　一、經營活動現金流量主要項目分析 …………………………… (147)
　　二、投資活動現金流量主要項目分析 …………………………… (149)
　　三、籌資活動現金流量主要項目分析 …………………………… (150)
任務五　現金流量比率分析 …………………………………………… (151)
　　一、現金流動性分析 ……………………………………………… (151)
　　二、獲取現金能力分析 …………………………………………… (152)
　　三、收益質量分析 ………………………………………………… (152)

項目十二　財務預測　154

任務一　財務預測概述 ………………………………………………… (155)
任務二　財務預測的一般框架結構 …………………………………… (156)
　　一、財務預測的預測期間 ………………………………………… (156)
　　二、財務預測的財務報表結構 …………………………………… (157)
任務三　財務預測的主要內容 ………………………………………… (161)
　　一、預測銷售收入 ………………………………………………… (161)
　　二、確定預測期間 ………………………………………………… (161)
　　三、主要財務假設 ………………………………………………… (161)
　　四、預計利潤表、預計資產負債表和預計現金流量表 ………… (163)
任務四　敏感性分析 …………………………………………………… (171)

項目十三　發展能力分析　176

任務一　企業價值增長率 ……………………………………………… (176)

任務二　影響價值變動的因素 ·· (178)
任務三　企業發展能力分析指標 ·· (180)
　一、銷售增長指標 ··· (180)
　二、資產增長及資產使用效率指標 ··· (182)
　三、資本擴張指標 ··· (184)

項目十四　合併財務報告分析 ·································· 188

任務一　合併會計報表概述 ·· (188)
　一、企業合併的含義與原因 ·· (188)
　二、合併會計報表的性質與範圍 ··· (190)
　三、合併會計報表的一般原理 ··· (194)
　四、對合併報表作用的認識與分析 ··· (206)
　五、案例分析 ··· (208)
任務二　分部報告的分析 ·· (210)
　一、分部報告的概念和必要性 ··· (210)
　二、分部及可報告分部的確定 ··· (211)
　三、分部信息披露 ··· (213)
　四、分部報告的財務分析 ··· (215)
　五、中國分部信息披露的現狀 ··· (216)

项目一　總　論

項目一　總　論

學習目標

1. 掌握財務報表分析的主體以及各主體的分析目的。
2. 掌握財務報表分析的基本內容，明確財務報表分析的基本對象。
3. 掌握財務報表分析的基本方法，為現實中企業的具體財務報表分析做準備。
4. 掌握財務報表分析的體系框架，瞭解本書各章節之間的邏輯關係。

　　在現代企業尤其是股份制企業中，財務報表分析已成為股東、債權人、高管層等利益相關者進行財務決策與經營管理的基本工具。實際上，財務報表分析的含義極其豐富，至今尚未形成統一的定義。從分析主體的需求來看，財務報表分析既包括企業內部用以編制財務預算、設立業績評價標準、制定投融資決策等的內部財務報表分析，也包括股東、債權人及潛在投資者用以評判企業當前及未來的盈利水平和投資風險等的外部財務報表分析。本書涉及的財務報表分析是指以財務報表及相關資料為基礎，以分析主體的信息需求為目標，運用特定的分析工具與方法對企業的經營狀況進行評判，以幫助財務信息使用者進行科學決策的過程。相應地，財務報表包括對外提供的財務報表與企業內部財務報表，而財務報表分析既包括對各類財務報表及其相關資料進行分析，也包括對分析結果的具體應用，涵蓋了財務分析的重要方面。因此，本書對財務報表分析與財務分析並不加以特別區分。

　　在具體學習財務報表分析以前，我們首先需要弄清楚以下幾個問題：誰來做財務

財務報表分析

報表分析，即分析主體的問題；為什麼要分析，即財務報表分析的目的；分析些什麼，即財務報表分析的內容；用什麼方法來分析，即財務報表分析的方法；按照怎樣的程序去分析，即財務報表分析的環節或步驟。

任務一　財務報表分析的目的

　　財務報表分析的主體是指與企業存在現實或潛在的利益關係，為達到特定目的而對企業的財務狀況、經營成果以及現金流量狀況等進行分析和評價的組織或個人。通常情況下，財務報表分析的主體與財務信息使用者同屬一人或某一組織，他們都屬於企業的利益相關者。按照財務報表分析主體所掌握信息的不對稱性，財務報表分析主體可分為內部分析主體和外部分析主體。其中，內部分析主體包括現有大股東、公司高管、財務部員工等；外部分析主體包括中小股東、債權人、潛在的股票或債券投資者、企業的普通員工、政府職能部門、社會仲介機構、競爭對手、供應商、客戶等。

　　從以上分類不難看出，財務報表分析的主體眾多，且其分析目的不盡相同，按照利益相關者的分類思想，本書將財務報表分析的主體分為經營管理者、債權人、股東、政府職能部門、社會仲介機構及其他利益相關者。

　　財務報表分析可以幫助分析主體加深對企業的瞭解，減少評判過程中的不確定性因素，從而提高決策的科學性。不同的財務報表分析主體與企業的利益關係不同，基於財務報表分析所要達到的目的也不同，因而對企業財務信息的關注點與分析視角也將存在不同程度上的差異。以下將逐一闡述不同類型的利益相關者進行財務報表分析的目的及分析視角。

一、經營管理者的目的

　　經營管理者作為委託—代理關係中的受託人，接受企業所有者的委託，對企業營運中的各項活動以及企業的經營成果和財務狀況進行有效的管理與控製。雖然相對於

企業外部人而言，經營管理者擁有更多瞭解企業的信息渠道和監控企業的方法，但是財務信息仍然是一個十分重要的信息來源，財務報表分析仍然是一種非常重要的監控方法。因此，企業的經營管理者是企業財務報表分析的重要主體之一。與企業外部人相比，經營管理者作為企業內部的分析主體，所掌握的財務信息更加全面，所進行的財務報表分析也更加深入，因而財務報表分析的目的也就更加多樣化。

首先，經營管理者要想對企業的日常經營活動進行適當管控，需要通過財務報表分析及時發現企業生產經營中存在的問題，並找出有效對策，以適應瞬息萬變的經營環境。其次，經營管理者需要通過財務報表分析，全面掌握企業的財務狀況、經營成果和現金流量等，從而做出科學的籌資、投資等重大決策。此外，經營管理者為了提高企業內部的活力和企業整體的效益，還需要借助財務報表分析對企業內部的各個部門和員工等進行業績考評，並為今後的生產經營編制科學的預算。

二、債權投資者的目的

債權投資者也叫債權人，是指以債權的形式向企業投入資金的自然人或法人，如商業銀行、企業債券持有人。這裡所說的債權投資者既包括現實的債權投資者，也包括潛在的債權投資者。由於企業的償債能力會直接影響現實的和潛在的債權投資者的放款決策，因此債權投資者也是企業財務報表分析的重要主體之一。

依據債務的償還期限，債權人分為短期債權人和長期債權人。

短期債權人由於債權期限短於一年或一個營業週期，因此在財務報表分析中往往比較關心企業的短期財務狀況，如企業資產的流動性和企業的短期現金流量狀況等。由於企業的短期負債通常需要在不久的將來動用現金來償還，因此，企業資產的變現能力（即流動性）和企業近期的現金流量狀況直接決定著企業能否如期償付短期債務，這些也是短期債權人進行財務報表分析所關注的重點。

長期債權人由於債權期限長於一年或一個營業週期，因此在財務報表分析中往往比較關心企業的長期財務狀況，如企業的資本結構和長期投融資政策。由於企業的長期負債不需要在近期內動用現金償還，因此長期負債的安全性將通過所有的資產來保障。每一元錢的負債所對應的資產越多，負債就越安全。因此，企業負債在總資產中所佔的比重，或者說負債與所有者權益的比例在一定程度上反應了企業財務風險的高低，是長期債權人非常關心的因素。當然，長期債權人在財務報表分析中還會關注企

財務報表分析

業的長期現金流量狀況,因為在企業不破產清算的情況下,企業的長期債務到期也需要用現金來償還。

除了上述直接影響短期償債能力和長期償債能力的因素外,債權人還想通過財務報表分析來瞭解企業的盈利能力和資產週轉效率,因為盈利是企業現金流量最穩定的來源,而資產的週轉效率又直接影響著企業的資產流動性和盈利水平。

三、股權投資者的目的

股權投資者也稱所有者或股東,是指以股權形式向企業投入資金的自然人或法人。這裡所說的股權投資者既包括現實的股權投資者,也包括潛在的股權投資者。企業的投資回報與投資風險將直接影響現實的和潛在的股權投資者的投資決策。同時,企業所有者又是企業委託—代理關係中的委託人,需要借助財務報表分析等工具對經營管理者的受託責任履行情況進行評價。因此,股權投資者是極其重要的財務報表分析主體。

獲取投資報酬是股權投資的重要目的,因而股權投資者在財務報表分析中將重點關注企業投資回報的高低。一般來說,股東的投資回報以企業的盈利能力為保障,因此,股權投資者除了關注淨利潤,還需瞭解企業的收入來源及結構、成本費用情況等。

股權投資者是企業收益的最終獲得者和風險的最終承擔者。從股權結構來看,由於股東的持股比例不同,其獲取收益的規模、受償方式以及承擔的風險類型將存在差異,因而他們進行財務報表分析的目的也不盡相同。控股股東可以在公司的核心決策層安插人手,以控製公司的經營決策與財務決策,通過資金占用、關聯交易等手段來實現控製權收益。與此同時,企業一旦破產,控股股東將因持股比例較高而蒙受較大的經濟損失,因此他們往往更加注重企業的長遠發展,對企業的資產結構、資本結構、長期投資機會及經營利潤增長等較為關注。與之相對的是,中小股東主要通過獲取資本利得(股票買賣價差)、現金分紅來實現投資收益,因而他們比較關注企業的短期盈利水平、現金流量狀況與股利分配政策等。

四、政府職能部門的目的

工商、稅務、財政、各級國資委等對企業有監管職能的政府職能部門,在其履行監管職責時往往需要借助於財務報表分析。因此,相關的政府職能部門也是企業財務

項目一　總　　論

報表分析的主體之一。

政府職能部門進行財務報表分析的主要目的是監督企業是否遵循了相關政策法規，檢查企業是否偷逃稅款等，以維護正常的市場經濟秩序，保障國家和社會利益。具體而言，工商行政部門主要是審核企業經營的合法性、進行產品質量監督與安全檢查；稅務與財政部門主要關注企業的盈利水平與資產的增減變動情況；國資委作為國有企業的直接出資人，出於股東財富最大化目標的考慮，往往關注企業的盈利能力、可持續發展能力。

五、社會仲介機構的目的

通常所說的社會仲介機構包括會計師事務所、律師事務所、資產評估事務所、證券公司、資信評估公司以及各類諮詢公司等。它們在為企業提供服務時，需要以獨立第三方的身分出現，對企業相關事項做出客觀而公允的評判，並提出相應的意見和建議。在服務過程中，這些社會仲介機構都或多或少地需要借助於財務報表分析，瞭解企業相關的經營成果和財務狀況等。因此，社會仲介機構也是企業財務報表分析的主體之一。

在這些社會仲介機構中，會計師事務所對財務報表分析的應用可能最為頻繁。在對企業進行審計時，註冊會計師要對企業財務報表的合法性、合理性等進行驗證並給出相應的審計意見，而財務報表分析是審計工作中一個非常重要的手段。財務報表分析可以幫助審計人員發現錯誤、遺漏或不尋常的事項，為進一步追查原因提供線索，為審計結論提供證據。

六、其他財務報表分析主體的目的

除上述財務報表分析主體之外，企業的供應商、客戶、員工、競爭對手甚至社會公眾等，都可能需要通過財務報表分析瞭解企業的相關情況，從而成為企業財務報表分析的主體。

企業的供應商通過向企業提供原材料或勞務，成為企業的利益相關者。有些供應商希望與企業保持穩定的合作關係，因此需要通過財務報表分析瞭解企業的業務範圍、經營規模、投資動向及現金流量情況等，據此判斷企業的持續購買力。在賒購業務中，企業與供應商又形成了商業信用關係，此時供應商希望通過財務報表分析來瞭解企業

的償付能力，以判斷其貨款回收的安全性。

企業的客戶通過向企業購買商品或勞務，成為企業的利益相關者。客戶往往希望借助財務報表分析，瞭解企業的商品或勞務的質量、持續提供商品或勞務的能力以及企業所能提供的商業信用條件等。

企業的員工與企業存在著雇傭關係，因而他們希望借助財務報表分析瞭解企業的經營狀況、盈利能力以及發展前景等，從而判斷其工作的穩定性、工資水平的高低以及其他福利的完整性等。另外，員工通過財務報表分析還可以瞭解自己以及自己所在部門的成績和不足，為今後的工作改進找到方向。企業的競爭對手通過分析雙方的財務報表，可以判斷雙方的相對效率與效益，找到自己的競爭優勢與劣勢，為提高自身的市場競爭力、尋求併購目標或防止被併購打下基礎。

社會公眾與企業之間存在著千絲萬縷的聯繫，他們對企業的關注也是多角度、全方位的。作為企業的潛在招聘對象，他們希望通過財務報表分析來瞭解企業的發展狀況；作為現有的或潛在的顧客，他們比較關心企業的產品政策；作為企業的周邊居民，他們將時刻關注企業的環保政策與行為。

任務二　財務報表分析的框架

在學習了財務報表分析的目的後，我們對「誰來做財務報表分析」「為什麼要分析」有了一個大致的瞭解。那麼、財務報表分析到底都分析些什麼？分析的結果用在什麼地方？這些都是本書需要重點探討的問題，它們既是財務報表分析的主要內容，也構成了財務報表分析框架的重要組成部分，如圖 1-1 所示。

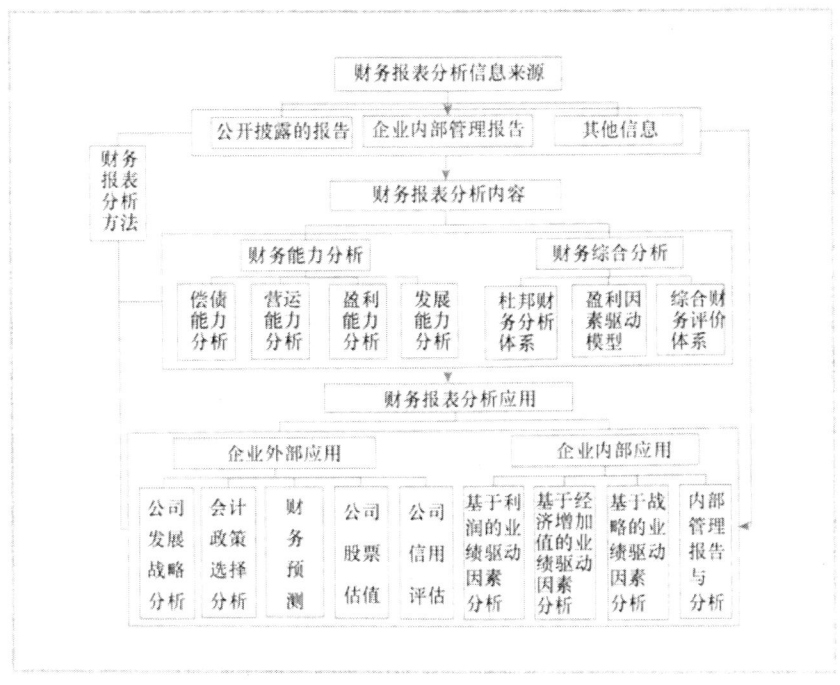

圖 1-1　財務報表分析框架

一、財務報表分析框架中的層次關係

從圖 1-1 可以看出，財務報表分析框架可分為三個層次：

（1）第一層為財務報表分析的信息來源，包括公開披露的報告、企業內部管理報告和其他信息。其中，公開披露的報告包括財務報表、報表附註及表外信息（主要會計數據及財務指標、股本變動與股權結構、管理層信息、公司治理結構、董事會報告、監事會報告、重要事項等）；企業內部管理報告包括成本報表、重構的財務報表、各類分析報告等；其他信息包括與財務報表分析相關的政治制度、經濟政策、管理文化、社會環境等信息。財務報表分析所需信息與財務報表分析方法共同構成了財務報表分析的基礎，它們既可用於對財務報表本身的分析，也可用於財務報表分析的應用。

（2）第二層為財務報表分析的內容，包括財務能力分析與財務綜合分析。其中，財務能力分析側重於單項財務指標分析，包括償債能力分析、營運能力分析、盈利能力分析與發展能力分析；財務綜合分析分為對單項財務指標的多重分解與多指標綜合

分析，具體包括杜邦分析體系、改進的杜邦分析體系、沃爾評分法等。

（3）第三層是財務報表分析的應用，包括企業外部應用與企業內部應用。其中，企業外部應用主要包括會計政策選擇分析、財務預測、公司股票估值、公司信用評估等；企業內部應用主要包括成本性態分析、本量利分析、管理者經營業績評價、基於戰略的企業業績評價、內部管理報告與分析等。

此外，對於財務報表分析應用模塊，由於在具體分析過程中既需借助財務能力分析與財務綜合分析的思想方法及結果，也需用到財務報表中的原始數據，因而各應用模塊的連接線呈隸屬兩方的形式。

二、財務報表分析框架中各模塊的經濟含義及其聯繫

1. 償債能力分析

償債能力是指企業償還到期債務本息的能力。按照債務期限，償債能力分為短期償債能力與長期償債能力；相應地，償債能力分析包括短期償債能力分析與長期償債能力分析。其中，短期償債能力分析側重考察企業的流動性，即企業資源滿足短期現金需要的能力[①]；長期償債能力是指企業利用自有資產或外部籌資償還長期債務的能力，側重考察企業的財務風險及相關的經營風險。

眾所周知，企業能否按期支付貨款、償還銀行借款及利息，直接決定著一個企業的信用能力。特別地，企業信用能力的下降會增強其融資約束，進而增大其出現財務危機的可能性。因此，償債能力分析與財務風險分析、公司信用評估等息息相關。

2. 營運能力分析

營運能力是指企業資金的利用效率，通常以各類資產的週轉速度來衡量。通過營運能力分析，可以看出企業的資金週轉狀況和資產管理水平。不難推測，企業的資產管理水平與營運能力最終會影響企業經營的安全性和盈利性，因而是企業債權人、股權投資者和管理者等分析主體值得關注的地方。

一般來說，不同類型的企業發展戰略對應不同的投資決策，包括投資方向、投資規模、投資結構等，而投資決策直接影響著企業的資產結構與資金週轉狀況。因此，以資產營運為核心，通過分析企業的營運能力可以透視企業在未來期間的發展戰略。

[①] 利奧波德·伯恩斯坦，約翰·維歐德著.財務報表分析［M］.許秉岩、張海燕，譯.5版.北京：北京大學出版社，2004：73.

項目一 總 論

3. 盈利能力分析

盈利能力又稱獲利能力，是指企業為資金提供者創造收益的能力。按照不同的分析視角，盈利能力可以分為業務獲利能力、資產獲利能力與市場獲利能力。其中，反應企業的業務獲利能力的指標主要有銷售毛利率、銷售淨利率等；反應資產獲利能力的指標主要有總資產報酬率、股東權益報酬率等；反應市場獲利能力的指標主要有市盈率（P/E）、市淨率（P/B）等。

從應用角度看，反應企業盈利能力的指標廣泛應用於權益估值模型，常見的指標有每股收益（Earnings Per Share，EPS）、股東權益報酬率（Return on Equity，ROE）、剩餘收益（Residual Income，RI）等；而在相對定價模型中，市盈率經常用於新股發行定價。可見，盈利能力分析與公司股票估值密切相關。

4. 發展能力分析

發展能力是指企業在確保生存的前提下，進一步擴大經營規模、提升市場競爭力、實現投入資本保值增值的潛在能力，包括收益增長能力、資產增長能力、資本增長能力等。通過分析各項發展能力，可以看出一個企業的業務規模、盈利水平等的增減變動情況，發掘企業的增長潛力，對現有的發展戰略做出評價和調整，據此預測公司的發展前景並對其投資價值做出大致判斷。因此，發展能力分析與公司發展戰略分析、財務預測及股票估值緊密相關。

5. 財務綜合分析

財務綜合分析是指將各類財務指標作為一個整體，系統、全面、深入地分析企業的財務狀況、經營成果、現金流量等，以便對企業的經營管理水平與經濟效益做出整體評價與判斷的過程。傳統的財務綜合分析方法包括杜邦分析體系和沃爾評分法，而經濟增加值和平衡計分卡（Balanced Score Card，BSC）是當前較為流行的綜合分析方法。

從應用角度看，沃爾評分法主要借助「財務能力分析」中的核心指標對企業的財務狀況做出綜合評價。該方法在創立之初主要用於評價企業的信用水平，目前廣泛應用於中國中央企業的綜合績效評價；與此同時，沃爾評分法所選指標與定量化的財務困境預警分析存在一定的重合。因此，沃爾評分法可應用於企業信用評估、企業綜合績效評價等業務活動。

此外，杜邦分析體系、綜合財務評價體系、經濟增加值與平衡計分卡則分別從財務

財務報表分析

指標分解、價值創造、企業戰略角度對企業業績做出綜合評價，它們可應用於基於利潤的業績驅動因素分析、基於經濟增加值的驅動因素分析及基於戰略的業績驅動因素分析。

綜上，財務報表分析的內容模塊與應用模塊之間並非一一對應關係。在多數情況下，某一項具體業務可能同時涉及多項「財務能力分析」和「財務綜合分析」；與之相對的是，某一特定的財務能力分析也可以應用到不同的業務決策當中。

任務三 財務報表分析的應用

如前所述，財務報表分析的主體分為內部分析主體和外部分析主體，而不同分析主體進行財務報表分析的目的及分析的內容往往存在差異，可見，財務報表分析可以應用到多類經濟活動當中。按照空間來劃分，財務報表分析的應用可分為企業外部應用和企業內部應用。其中，前者主要包括公司發展戰略分析、會計政策選擇分析、財務預測、公司股票估值與公司信用評估；後者主要包括基於利潤的業績驅動因素分析、基於經濟增加值的業績驅動因素分析、基於戰略的業績驅動因素分析、內部管理報告與分析，如圖 1-1 所示。

一、財務報表分析在企業外部的應用

1. 公司發展戰略分析

儘管公司發展戰略不在財務報表分析的框架範圍內，但公司發展戰略分析卻是公司價值評估的起點。通過戰略分析可以識別公司的利潤驅動因素和公司面臨的主要風險，投資者可以據此評估公司當前的經營狀況，並對公司的未來業績做出合理的預測。一般而言，公司戰略是指引領公司長期發展的全局性謀略。從業務層面看，基本的競爭戰略包括成本領先戰略、產品差異化戰略與集中戰略，而在具體的競爭戰略分析中，我們常常將單個公司與其所在行業聯繫起來。按照思想—行為—結果這一基本邏輯，公司發展戰略直接決定了公司的業務經營模式，進而影響其投融資行為，最終會影響

項目一 總　　論

公司的資產結構、盈利狀況、現金流水平等。因此，全面而深入地分析公司財務報表可對公司現有發展戰略做出合理的評價；更進一步地，以現有發展戰略為基準，通過分析戰略執行偏差，還能對公司未來的業務經營模式及經營業績做出預測。

2. 會計政策選擇分析

會計政策選擇又稱會計選擇，是指會計人員以會計法律、會計準則等為標準，利用其專業知識和職業經驗，對各類交易或事項在會計確認、計量和報告中所採用的原則、基礎和方法做出判斷與選擇。通常來說，會計選擇建立在合法、合理的基礎之上，但在一定程度上也反應了企業的經營戰略、高管層的補償動機以及會計人員的主觀判斷，因而企業內部的報表分析者和信息使用者更加瞭解會計政策選擇的動機及經濟後果。對於企業外部的利益相關者而言，他們需要借助報表數字背後的會計政策來判斷企業真實的財務狀況、現金流情況、盈利質量以及企業當前所面臨的經濟環境，據此對企業價值（股票價值、債券價值等）與投資風險做出準確的判斷。

3. 財務預測

企業對外提供的財務報表僅披露了企業已經實現的財務狀況、經營成果與現金流量，而在現實中，財務報表分析主體在制定決策時往往需要用到有關企業未來發展的信息，這就要求我們對企業未來的經營業績、現金流量等進行預測。財務預測是以各種合理的假設為前提，以滿足決策需求為目標，根據預期條件和各種可能影響企業未來籌資活動、投資活動等的重要事項來確定預期的財務狀況、經營成果和現金流量的增減變動。在實際應用中，財務預測建立在對企業的經營戰略分析、會計政策分析和財務能力分析等基礎之上。

4. 公司股票估值

股票估值即權益估值，是利用財務報表數字與特定的模型對股票的內在價值進行估計和評價的過程。從企業內部來看，在發行新股、以股票作為併購對價或者是出售股份時，需要利用可獲財務信息估計股票的內在價值，以避免融資成本過高或者交易受損。從企業外部來看，證券分析師可通過權益估值進行股票買賣決策；潛在收購者通過價值評估來確定是否收購該企業以及確定收購價格；銀行與信用分析師儘管不需要確切的企業價值數據，但若想全面瞭解與貸款活動相關的收益與風險，也需要對企業的股權價值做出大致判斷。常見的股票估值方法包括：現金流折現模型（如股利折現估值模型、股權現金流量折現估值模型）、剩餘收益估值模型、價格乘數估值模型

（市盈率、市淨率）。

5. 公司信用評估

现代市場經濟是建立在各種信用關係基礎上的經濟往來行為。對於企業而言，信用是一種工具，是一項無形資產，是一種生產力，是市場經濟的通行證，也是企業籌資、投資和經濟往來中不可或缺的經濟資源。企業信用管理中很重要的一環就是信用評估，借助信用評估可對企業面臨的財務風險的可能性進行估計，從而滿足市場主體對客觀、公正、真實的信用信息的需求。企業一旦遭遇信用危機，就會引發一系列的財務危機狀況，如供貨商壓縮付款期限甚至要求現金交易、銀行要求提供抵押貸款或者更高的利息率，其後果是企業的生產經營受限，錯失良好的投資機會，甚至因而陷入財務困境。

二、財務報表分析在企業內部的應用

1. 基於利潤的業績驅動因素分析

由於分析目標的單一性和財務信息的不可獲得性，財務報表的外部分析主體更多的是關注財務會計信息，而對成本管理會計信息關注較少。事實上，除業務規模與市場行情外，企業的生產成本及其結構也是企業利潤的直接決定因素，而成本管理則是企業財務部門的一項日常管理工作。在企業的利潤預算中，我們不僅需要瞭解產品的市場需求，也要熟悉產品的成本性態，即成本總額與業務總量之間的依存關係，從而對營業收入與總成本做出合理的估計，最終對未來期間的營業利潤做出較為準確的判斷。

2. 基於經濟增加值的業績驅動因素分析

業績評價，又稱經營業績考核或績效考核，通常是指評價主體借助財務信息對評價客體在一定時期內的工作表現進行評價的過程。從應用角度看，業績評價結果可用於企業內部的人事調整、薪酬結構設計等方面。

在管理者業績評價過程中，傳統的評價指標以會計利潤為主，如利潤總額、股東權益報酬率。然而，在會計利潤導向下，管理者容易產生短視行為，且表現出不同程度的盈餘管理動機；同時，會計利潤的核算僅考慮債務融資成本，卻忽視了股權資本的機會成本。正因如此，經濟增加值作為一種新的管理者業績評價工具逐漸進入人們的視野，目前已在中國國有企業中廣泛使用。

項目一　總　論

3. 基於戰略的業績驅動因素分析

在管理者業績評價中，由於管理者的行為很難被觀測和量化，因而通常借助可量化的財務指標對其行為結果進行評價。而對於整個企業而言，其發展戰略並不局限於財務目標，因為財務指標僅能用於評價企業戰略的某些方面。那麼，基於戰略的企業業績評價又該如何實施呢？對此，著名的管理會計學者羅伯特·S. 卡普蘭（Robert S. Kaplan）和大衛·P. 諾頓（David P. Norton）創造性地提出瞭解決模式，他們早年提出的平衡計分卡從財務、顧客、內部流程以及學習和成長四個維度來描述企業戰略，據此對企業業績做出綜合評價。繼平衡計分卡之後，卡普蘭和諾頓又提出了戰略中心型組織與戰略地圖，從而使企業戰略的描述更加清晰、戰略衡量更為具體、基於戰略的業績評價更具可操作性。在中國實務界，基於戰略地圖的企業業績評價模式已在部分企業實施。

4. 內部管理報告與分析

如前所述，對外提供的財務報告主要用於滿足外部分析主體的需要。相應地，內部管理報告則用於為企業內部的經營管理決策提供支持。內部管理報告是指企業為滿足內部利益相關者的決策與控制需要所編制的反應企業財務狀況、經營成果和管理狀況的一系列財務信息和非財務信息文件。內部管理報告不僅對過去的交易或事項進行分析和評價，而且更注重對未來事項的預測和控製。企業可以通過內部管理報告打造一個縱向暢通的信息溝通和控製渠道，使管理者的決策能力和員工執行能力在瞬息萬變的經營環境下始終與公司戰略保持一致，從而持續地提升公司價值。從報告內容及表現形式來看，內部管理報告可分為財務信息主導的內部管理報告與非財務信息主導的內部管理報告，前者包括預算報告、預算執行情況報告等，後者主要包括外部環境報告、內部經營活動報告、風險管理報告和重大事項報告等。

任務四　財務報表分析的程序

通過對財務報表分析框架的介紹，我們對財務報表分析的內容及應用範疇有了基

財務報表分析

本的瞭解。然而，財務分析是一項十分繁雜的系統性工作，除了需要掌握各種分析視角和分析方法外，還必須按照科學的程序進行，才能保證分析的效率和效果。一般來說，財務報表分析的基本程序包括以下幾個步驟。

1. 明確分析目的

如前所述，不同的財務分析主體有著不同的財務分析目的，而同一財務分析主體在不同情況下的分析目的也不盡相同。財務分析的目的是財務分析的出發點，只有明確了分析目的，才能確定分析範圍的大小、收集信息的內容和數量、分析方法的選用等一系列問題。因此，在財務分析中必須首先明確分析目的。

2. 確定分析範圍

財務分析的內容很多，但並不是每一次財務分析都必須涉及所有的內容。只有根據不同的分析目的確定不同的分析範圍，才能做到有的放矢，提高財務分析的效率。針對企業的哪個方面或哪些方面展開分析，分析的重點放在哪裡，這些問題必須在開始收集信息之前確定下來。

3. 收集相關信息

明確分析目的、確定分析範圍後，接下來應當有針對性地收集相關信息。財務分析所依據的最主要的資料是企業對外報出的財務報表及報表附註。除此以外，企業內部供產銷各方面的有關資料以及企業外部的評審意見、市場環境、經濟政策、行業發展等方面的信息都與財務分析息息相關。在財務分析中應收集充分的信息，但並不是越多越好。收集多少信息，收集什麼信息，應完全服從於分析的目的和範圍。

對收集到的相關信息，還應對其進行鑑別和整理。對不真實的信息要予以剔除，對不規範的信息要進行調整。

4. 選擇分析視角和分析方法

不同的分析視角需要用到不同的分析方法，每一種分析方法都具有一定的獨特性，分析方法本身並沒有絕對的優劣之分，最適合分析目的、分析內容和所收集信息的方法就是最好的方法。財務分析的目的不同，財務分析的內容範圍不同，財務分析所收集的資料也不同，所選用的分析視角和分析方法也會有所差別。在財務分析中，既可以選擇某一種分析方法，也可以將多種方法結合起來使用。

5. 得出分析結論

收集到相關信息並選定分析方法之後，分析主體將利用所選定的方法對相關信息

項目一　總　論

進行全面而深入的分析，對企業在某一會計期間內或者多個會計期間內的經營成果和財務狀況做出客觀評判，為相應的經濟決策提供依據。對於企業內部的管理者而言，還可以進一步總結出管理中的經驗教訓，以便及時發現經營中存在的問題，並探詢問題的原因，找出相應的對策，從而不斷改善公司的經營管理，最終實現公司的戰略目標。

復習思考

1. 常見的財務報表分析主體有哪些？不同分析主體的分析目的是什麼？
2. 財務報表分析的內容主要有哪些？它們與財務報表分析的目的存在何種關係？
3. 對於企業內外部利益相關者而言，財務報表分析的結果具體可用於哪些決策？
4. 為了準確地評估公司股票價值，需要基於財務報表做哪些分析？

財務報表分析

項目二　財務信息提供的載體、要素、等式及假設與原則

1. 瞭解財務信息提供的載體。
2. 明確財務信息提供的要素和等式。
3. 掌握財務信息提供的假設和原則。
4. 理解財務信息提供的載體、要素、等式及假設與原則之間的相互關係。

 任務一　財務信息提供的載體

一、財務報表和財務報表附註

財務信息提供的載體是財務報告。企業對外提供的財務報告一般包括兩個部分：財務報表和財務報表附註。財務報表包括資產負債表、利潤表、現金流量表，以及其他一些附表。利潤分配表（留存收益表）和所有者權益（或股東權益，下同）變動表通常也包括在內，但它僅說明利潤表中淨利潤的分配，以及資產負債表中股東權益，以及盈餘公積和未分配利潤（兩項合稱留存收益）項目的變化。通常，在提供這些財

項目二 財務信息提供的載體、要素、等式及假設與原則

務報表時還會提供比較詳細的輔助說明，這些輔助說明就是財務報表的附註。因此，為了正確評價企業的財務狀況、經營成果和現金流動情況，報表的使用者需要詳細地瞭解各種財務報表及相關附註的說明。

中國《企業會計準則第 30 號——財務報表列報》的第二條和第四條的規定如下。

第二條　財務報表是對企業財務狀況、經營成果和現金流量的結構性表述。財務報表至少應當包括下列組成部分：

（一）資產負債表。

（二）利潤表。

（三）現金流量表。

（四）所有者權益（或股東權益，下同）變動表。

（五）附註。

第四條　企業應當以持續經營為基礎，根據實際發生的交易和事項，按照《企業會計準則——基本準則》和其他各項會計準則的規定進行確認和計量，在此基礎上編制財務報表。

1. 資產負債表

資產負債表是反應某一特定時點資產和權益存量的報表，故又稱財務狀況表。企業的財務狀況包括資產、負債和所有者權益。資產負債表能夠提供企業在一定日期所掌握的資源（即資產）、所承擔的債務（即負債）、股東對企業的所有權（即所有者權益）的情況，以及企業的負債能力和財務前景等重要資料。資產負債表顯示了以往發生的經濟業務和事項的累積影響，是根據資產、負債、所有者權益等總分類帳戶的餘額編制的一張財務狀況一覽表，基本上是一張歷史性的報表。

2. 利潤表

利潤表是反應企業一定時期內經營成果累計數的財務報表，因而是一份流量表。編制利潤表的目的是將企業有關經營成果方面的信息提供給信息使用者，以便信息的使用者據以分析企業的經營成果，瞭解企業的盈利能力，並通過對前後期利潤表、不同企業間利潤表的比較分析以及利潤的構成分析來判斷企業的經營發展趨勢。據此，投資者或潛在投資者就可以決定是否向企業投資或再投資；債權人可預測並評價企業的償債能力，進而決定應否維持、增加或收縮對企業的貸款；企業管理部門則可以發現工作中存在的問題，改善經營管理、明確今後工作的重點；稅務機構則可以據以確

財務報表分析

定應納稅的額度等。

3. 現金流量表

現金流量表是詳細說明企業在某一特定時期內累計現金流入量和現金流出量情況的財務報表，因而是一份流量表。現金流量表一般由 3 個部分組成：營業活動現金流量、投資活動現金流量和籌資活動現金流量。編制現金流量表的目的是為財務報表的使用者提供企業在一定會計期間內現金及現金等價物流入和流出的信息，以便於報表使用者瞭解和評價企業獲取現金及現金等價物的能力，並據以預測企業未來現金流量。

二、財務報表之間的內在聯繫

圖 2-1 闡述了資產負債表、利潤表、利潤分配表和現金流量表之間的內在聯繫。最基本的報表是資產負債表，其他 3 張報表均在不同程度上解釋了兩個資產負債日之間財務狀況的變動情況。圖 2-1 中的報表均已高度簡化。

资产负债表 2009年12月31日		现金流量表 2010年度		资产负债表 20010年12月31日	
资产：		经营活动现金流量：		资产：	
货币资金	30 000	现金流入量	20 000	货币资金	40 000
应收款项	20 000	现金流出量	10 000	应收款项	25 000
存货	30 000	现金流量净额	10 000	存货	30 000
固定资产	50 000	投资活动现金流量：		固定资产	50 000
其他资产	10 000	现金流入量	15 000	其他资产	10 000
资产总计	140 000	现金流出量	20 000	资产总计	155 000
负债：		现金流量净额	−5 000	负债：	
流动负债	30 000	筹资活动现金流量：		流动负债	35 000
长期负债	40 000	现金流入量	30 000	长期负债	45 000
负债合计	70 000	现金流出量	25 000	负债合计	80 000
股东权益：		现金流量净额	5 000	股东权益：	
股本	45 000	现金净增加额	10 000	股本	45 000
留存收益	25 000	年初现金	30 000	留存收益	30 000
合计	70 000	年末现金	40 000	合计	75 000
权益总计	140 000			权益总计	155 000

利润表
2010年度

收入	150 000
减：费用	100 000
净收益	50 000

利润分配表
2010年度

期初余额	25 000
加：净收益	50 000
减：分配利润	45 000
期末余额	30 000

圖 2-1 財務報表間的內在聯繫

項目二　財務信息提供的載體、要素、等式及假設與原則

一般利潤表反應的是一個企業的財務成果，資產負債表反應的是一個企業創造財務成果的能力及形成這種能力所需資金的來源渠道，而現金流量表則反應一個企業所創造的財務成果的質量。

三、財務報表附註及審計報告

1. 財務報表附註

財務報表附註主要用於說明報表內有關項目的附加信息和另外的財務信息，是財務報表中一個不可缺少的組成部分，詳細地閱讀報表附註，對於更好地理解財務報表是絕對必要的。

由於財務報表的格式和內容具有一定的固定性和規定性，故其所能反應的財務信息受到了一定程度的限制。因此，為了正確理解財務報表中的有關內容，應編制財務報表附註。

中國《企業會計準則第30號——財務報表列報》中第六章的規定如下。

第三十一條　附註是對在資產負債表、利潤表、現金流量表和所有者權益變動表等報表中列示項目的文字描述或明細資料，以及對未能在這些報表中列示項目的說明等。

第三十二條　附註應當披露財務報表的編制基礎，相關信息應當與資產負債表、利潤表、現金流量表和所有者權益變動表等報表中列示的項目相互參照。

第三十三條　附註一般應當按照下列順序披露：

(一) 財務報表的編制基礎。

(二) 遵循企業會計準則的聲明。

(三) 重要會計政策的說明，包括財務報表項目的計量基礎和會計政策的確定依據等。

(四) 重要會計估計的說明，包括下一會計期間內很可能導致資產、負債帳面價值重大調整的會計估計的確定依據等。

(五) 會計政策和會計估計變更以及差錯更正的說明。

(六) 對已在資產負債表、利潤表、現金流量表和所有者權益變動表中列示的重要項目的進一步說明，包括終止經營稅後利潤的金額及其構成情況等。

(七) 或有和承諾事項、資產負債表日後非調整事項、關聯方關係及其交易等需要

說明的事項。

第三十四條　企業應當在附註中披露在資產負債表日後、財務報告批准報出日前提議或宣布發放的股利總額和每股股利金額（或向投資者分配的利潤總額）。

2. 審計報告

按照中國現行會計制度的規定，企業年度財務報表一般應在年度終了的35天內報出，股份制企業和外商獨資企業應在年度終了後的4個月內連同中國註冊會計師的審計報告一併報出。

審計報告（又稱查帳報告）是審計人員根據審計準則的要求在完成預定的審計程序以後出具的，用於對被審計單位財務報表表示意見的書面文件。審計報告具有鑒證、保護和證明3個方面的作用。

審計人員根據審計結果和被審計單位對有關問題的處理情況，形成不同的審計意見，出具4種基本類型審計意見的審計報告：無保留意見審計報告、保留意見審計報告、否定意見審計報告和拒絕表示意見審計報告。

無保留意見意味著註冊會計師認為財務報表的反應是公允的，能滿足非特定多數的利害關係人的共同需要，並對發表該意見負責。

典型的無保留意見審計報告舉例如下。

審計報告

ABC有限公司董事會：

我們接受委託，審計了貴公司20××年度12月31日的資產負債表及該年度的利潤表和現金流量表。這些財務報表由貴公司負責，我們的責任是對這些財務報表發表審計意見。我們的審計是根據《中國註冊會計師獨立審計準則》進行的。在審計過程中，我們結合貴公司的實際情況，實施了包括抽查會計記錄等我們認為必要的審計程序。

我們認為，上述財務報表符合《企業會計準則》和國家有關財務會計法規的規定，在所有重大方面公允反應了貴公司20××年12月31日的財務狀況和該年度的經營成果及現金流量情況，會計處理方法的選用遵循了一貫性原則。

會計師事務所：（公章）　　　　　　　　中國註冊會計師：（簽名蓋章）

（地址）：　　　　　　　　　　　　　　　　年　　月　　日

項目二　財務信息提供的載體、要素、等式及假設與原則

1. 出具保留意見審計報告的情況

註冊會計師經過審計後，認為被審計單位財務報表的反應就其整體而言，是公允的，但還存在下列情況之一時，應出具保留意見審計報告。

（1）個別重要會計事項的處理或個別重要財務項目的編制不符合《企業會計準則》和其他有關財務會計法規的規定，被審計單位未做調整。

（2）因審計範圍受到局部限制，無法按照獨立審計準則的要求取得應有的審計證據。

（3）個別會計處理方法不符合一貫性原則的要求。

2. 發表否定意見審計報告的情況

註冊會計師經過審計後，認為被審計單位財務報表存在下列情況之一時，應發表否定意見審計報告。

（1）會計處理方法嚴重違反《企業會計準則》和國家其他有關財務會計法規的規定，被審計單位拒絕進行調整。

（2）財務報表嚴重扭曲了被審計單位的財務狀況、經營成果和資金變動情況，被審計單位拒絕進行調整。

3. 出具拒絕表示意見審計報告的情況

註冊會計師在審計過程中，由於受到委託人、被審計單位或客觀環境的嚴重限制，不能獲得必要的審計證據，以致無法對財務報表整體發表意見時，應當出具拒絕表示意見的審計報告。

仔細地閱讀註冊會計師的審計報告對財務報表使用者的決策分析至關重要。從分析決策的角度看，一份不帶有任何解釋段落或語句的無保留意見報告，至少從理論上意味著企業財務報表具有最高的可靠性。

財務報表分析

任務二　財務信息提供的要素和等式

一、會計要素

會計要素是會計反應和監督的內容，即會計對象的基本分類，是設定會計報表結構和內容的依據，也是進行會計確認和計量的重要前提。中國《企業會計準則——基本準則》將企業會計要素劃分為資產、負債、所有者權益、收入、費用和利潤六大要素。這六大會計要素又可以分為兩大類：反應財務狀況的會計要素（資產、負債、所有者權益）；反應經營成果的會計要素（收入、費用、利潤）。

1. 資產

資產是指企業過去的交易或事項形成的，由企業擁有或控製的，預期會給企業帶來經濟利益的資源。根據資產的定義，資產具有以下幾個方面的特徵：

(1) 資產預期會給企業帶來經濟利益。

(2) 資產應為企業擁有或控製的資源。

(3) 資產是由企業過去的交易或事項形成的。

2. 負債

負債是指企業過去的交易或事項形成的，預期會導致經濟利益流出企業的現時義務。根據負債的定義，負債具有以下幾個方面的特徵：

(1) 負債是企業承擔的現時義務。

(2) 負債預期會導致經濟利益流出企業。

(3) 負債是由企業過去的交易或事項形成的。

3. 所有者權益

所有者權益是指企業資產扣除負債後，由所有者享有的剩餘權益。所有者權益是所有者對企業資產的剩餘索取權，它是企業資產中扣除債權人權益後應由所有者享有的部分，既可反應所有者投入資本的保值增值情況，又體現了保護債權人權益的理念。

項目二　財務信息提供的載體、要素、等式及假設與原則

所有者權益的來源包括所有者投入的資本、直接計入所有者權益的利得和損失、留存收益等，通常由股本（或實收資本）、資本公積（含股本溢價或資本溢價、其他資本公積）、盈餘公積和未分配利潤構成。商業銀行等金融企業在稅後利潤中提取的一般風險準備，也構成所有者權益。

4. 收入

收入是指企業在日常活動中形成的、會導致所有者權益增加的、與所有者投入資本無關的經濟利益的總流入。根據收入的定義，收入具有以下幾方面的特徵：

（1）收入是企業在日常活動中形成的。

（2）收入是與所有者投入資本無關的經濟利益的總流入。

5. 費用

費用是指企業在日常活動中發生的、會導致所有者權益減少的、與向所有者分配利潤無關的經濟利益的總流出。根據費用的定義，費用具有以下幾方面的特徵：

（1）費用是企業在日常活動中形成的。

（2）費用是與向所有者分配利潤無關的經濟利益的總流出。

（3）費用會導致所有者權益的減少。

6. 利潤

利潤是指企業在一定會計期間的經營成果。通常情況下，如果企業實現了利潤，表明企業的所有者權益得到增加，業績得到了提升；反之，如果企業發生了虧損（即利潤為負數），表明企業的所有者權益減少，業績下滑了。因此，利潤往往是評價企業管理層業績的一項重要指標，也是投資者等財務報表使用者進行決策時的重要參考。

二、會計等式

任何企業為了達到自身的目標，完成各自的任務，都應該擁有一定數量的資產，以作為從事經濟活動的基礎。這些資產在企業的生產經濟活動中分佈在各個方面，表現為不同的占用形態，並取之於各種不同的來源渠道。因此，資產和權益究其實質是企業財產資源這個統一體的兩個不同表現形式，客觀上存在必然相等的關係。這一平衡關係可用公式表示為：

$$資產 = 權益$$
$$= 債權人權益 + 投資者權益$$

= 負債 + 所有者權益

= 負債 + 投入資本 + 留存收益

隨著企業各項經營活動的進行，在不同的會計期間內企業會取得各類收入，當然也必然會發生與取得收入相關的各項費用。至會計期末，將收入減去費用即可得到企業一定時期的經營成果（利潤或虧損）。其平衡關係式也可用公式表示為：

利潤 = 收入 - 費用

各項生產經營活動的進行，一方面取得收入，另一方面也必然會發生相應的費用，在某一特定時點上將收入與費用配比，形成企業一定時期的利潤。作為企業的經營成果，企業利潤的取得表明企業的現金流入大於現金流出（或債權增加大於債務增加），即表明企業資產總額與所有者權益總額的同時增加；若為虧損，即表明企業資產總額與所有者權益的總額同時減少。因此，至會計期末，將利潤和虧損歸入所有者權益以後，又可得：

資產 = 負債 + 所有者權益 + 利潤

= 負債 + 投入資本 + 收入 - 費用

= 負債 + 投入資本 + 留存收益

由於上述收入、費用和利潤要素的變動最終仍可歸為資產、負債和所有者權益的變動形式，故會計各要素之間的恒等關係始終是存在的。

任務三　財務信息提供的基本假設和一般原則

由於會計是科學，而科學基於假設，故財務會計的活動也是一項基於某些假設的科學活動。財務信息提供的基本假設（或稱基本前提）是指為了保證會計反應和監督工作的正常進行，以及所提供的財務信息的充分和高質量，而對會計活動的範圍、內容、基本程序和方法所做的限定，並在此基礎上建立會計核算的一般原則。顯然，充分和高質量的財務信息的提供並非是一種隨意的行動，以下的一些基本假設與一般原則就是充分和高質量財務信息提供的概念框架。

項目二　財務信息提供的載體、要素、等式及假設與原則

一、財務信息提供的基本假設

1. 會計主體假設

會計主體又稱企業主體，是指會計所服務的特定單位，即與所有者完全分開，單獨編制財務報表的企業或機構。作為會計主體，必須同時具備以下3個條件：

（1）具有一定數量的經濟資源（即資產）。

（2）進行獨立的生產經營活動或其他活動。

（3）實行獨立核算，提供反應本主體經濟情況的財務報表。

確定會計主體的目的是確定會計據以核算的空間範圍，要求會計人員應該站在特定會計主體的立場，核算特定主體的經濟活動，並將股東們的經濟活動與企業的經濟活動分開。

一般企業主體有3種形式：獨資企業、合夥企業、股份有限公司。

獨資企業是由一個人出資並擁有的企業，獨資企業不是法人。儘管出資人對獨資企業的債務承擔無限責任，會計處理也應視出資人與獨資企業分別為獨立的會計主體。

合夥企業是由兩個或兩個以上的出資人組成的企業，並按共同商定的合約對企業的債務承擔無限責任，會計處理也應該視每位出資人與合夥企業分別為獨立的會計主體。

公司制企業包括股份有限公司和有限責任公司，是由股東集資並經批准成立的合法經濟實體，其所有權由股份組成，是完全獨立和區別於股東的法人實體，股東僅就其出資額負有限責任。會計處理應視不同公司，以及同一公司的不同核算單位分別為會計主體。

雖然大部分企業為獨資企業，但公司形式的企業卻在經營活動中占絕對優勢。因此，若無特別說明，本書所述的企業主體形式僅是指公司，並在此基礎上展開分析。

明確會計主體假設的重要意義在於界定了權益的範圍，從而縮小了可被選擇列入財務報表的事項、活動及其特徵，以便財務信息能夠得到更好和更合理的展示。

在會計主體假設下，企業應當對其本身發生的交易或事項進行會計確認、計量和報告，反應企業本身所從事的各項生產經營活動。明確界定會計主體是開展會計確認、計量和報告工作的重要前提。

首先，只有明確會計主體，才能確定會計所要處理的各項交易或事項的範圍。在

財務報表分析

會計工作中，只有那些影響企業本身經濟利益的各項交易或事項才能加以確認、計量和報告，那些不影響企業本身經濟利益的各項交易或事項則不能加以確認、計量和報告。會計工作中通常所說的資產、負債的確認，收入的實現，費用的發生等，都是針對特定會計主體而言的。

其次，只有明確會計主體，才能將會計主體的交易或事項與會計主體所有者的交易或事項，以及其他會計主體的交易或事項區分開來。例如，如果企業所有者的經濟交易或事項是屬於企業所有者主體所發生的，就不應納入企業主體的會計核算範圍。但是，企業所有者投入到企業的資本，或企業向所有者分配的利潤，則屬於企業主體所發生的交易或事項，應當納入企業主體的會計核算範圍。

會計主體不同於法律主體。一般來說，法律主體必然是一個會計主體。例如，一個企業作為一個法律主體，應當建立財務會計系統，獨立反應其財務狀況、經營成果和現金流量。但是，會計主體不一定是法律主體。例如，在企業集團的情況下，一個總公司擁有若干分公司，雖然分公司不是一個法律主體，但為了全面反應分公司的財務狀況、經營成果和現金流量，就有必要將分公司設置為一個會計主體，獨立地進行相應的財務會計活動。再如，由企業管理的證券投資基金、企業年金基金等，儘管不屬於法律主體，但可以設置為會計主體，以對每項基金進行會計確認、計量和報告。

2. 持續經營假設

持續經營假設是假定會計主體將無限期地經營下去，即企業在可以預見的未來不會破產，從而使會計信息系統的運行將以會計主體的形式繼續存在，並以執行其預定的經濟活動為前提。除非有充分的相反證明，否則，將認為每一個會計主體都能無限期地持續經營下去。

根據這一假設，企業所擁有的資產將在正常的生產經營過程中被消耗、出售或轉換，而它所承擔的債務，也將在正常的生產經營過程中得以清償。

正是基於這一假設，企業所採用的會計核算方法和會計核算程序才得以保持穩定，才得以按正常的基礎反應企業的財務狀況和經營成果，從而為企業外部和內部的各有關方面提供充分及有效的信息。

如果將這個假設和另外一種可能的情況，即會計主體將要被清算相比，就會發現持續經營假設的重要性。在清算假設下，會計將試圖計量會計主體在每一時點所擁有的資源對潛在購買者的現值；在持續經營假設下，沒有必要不停地計量會計主體對潛

項目二 財務信息提供的載體、要素、等式及假設與原則

在購買者的價值，相反，它假定會計主體目前可利用的資源在未來的經營中仍可持續使用。

例如，在任何給定的時點，服裝製造商總是有未完工的牛仔服，如果企業今天面臨清算，這些半成品即使有價值，也會很小，會計上只會計量它們現有的價值；相反，如果在會計上假定製造過程將持續到產品完工，那麼就不必考慮在清算假定下這些半成品的價值了。

再如，某企業購入一條生產線，預計使用壽命為10年，如果考慮到企業將會持續經營下去，就可以假定企業的固定資產會在持續經營的生產經營過程中長期發揮作用，並服務於生產經營過程，即不斷地為企業生產產品，直至生產線使用壽命結束。為此，固定資產就應當根據歷史成本進行記錄，並採用折舊的方法，將歷史成本分攤到預計使用壽命期間所生產的相關產品成本中，而不必考慮在清算假定下這條生產線的價值了。

當然，如果會計師有充足的理由相信會計主體將面臨清算，那麼它的資源就將以清算價值來報告，然而，這種情況並不經常發生。

3. 會計分期假設

會計分期假設是持續經營假設的一個必要補充。如果假定一個會計主體能無限期地持續經營，在邏輯上就要為財務信息的提供規定期限，這是會計信息系統能夠發揮作用的必要前提。因為企業的生產經營活動是連續不斷的，非至結束清算之際無法確定企業真正的損益，而各種決策者又必須及時瞭解企業的財務狀況和經營成果，以便做出正確的決策。因此，為及時提供財務信息，就有必要將企業連續不斷的經營期間人為地劃分為等份的會計期間，這樣就形成了會計分期。

在中國《企業會計準則——基本準則》第七條規定：企業應當劃分會計期間，分期結算帳目和編制財務會計報告。

會計期間分為年度和中期期間。中期期間是指短於一個完整的會計年度的報告期間。

中國企業通常以日曆年度為一個會計年度。以日曆年度為會計年度的國家還有奧地利、比利時、保加利亞、捷克、斯洛伐克、芬蘭、德國、希臘、匈牙利、冰島、愛爾蘭、挪威、波蘭、葡萄牙、羅馬尼亞、西班牙、瑞士、俄羅斯、烏克蘭、墨西哥、哥斯達黎加、多米尼加、薩爾瓦多、危地馬拉、巴拉圭、洪都拉斯、秘魯、巴拿馬、

玻利維亞、巴西、智利、哥倫比亞、厄瓜多爾、塞浦路斯、約旦、朝鮮、馬來西亞、阿曼、阿爾及利亞、敘利亞、利比里亞、利比亞、盧旺達、塞內加爾、索馬里、多哥、贊比亞等。

也有很多國家以營業年度為一個會計年度。所謂營業年度，就是以企業生產經營活動的最低點作為一個會計年度的終結點和下一個會計年度的開始點。這些國家包括丹麥、加拿大、英國、印度、印度尼西亞、伊拉克、日本、科威特、新加坡、尼日利亞等（4月至次年3月）；瑞典、澳大利亞、孟加拉國、巴基斯坦、菲律賓、埃及、岡比亞、加納、肯尼亞、毛里求斯、蘇丹、坦桑尼亞等（7月至次年6月）；美國、海地、緬甸、泰國、斯里蘭卡等（10月至次年9月）。

當然，無論是按日曆年度還是按營業年度，在一個會計年度內，企業不僅要按年編制詳盡的年度財務報表，還要按日曆月度編制較為詳細的財務報表。

一般認為，將企業的生產經營活動人為地予以分期，會使所提供的財務信息不太精確，但卻能使使用者比較及時地得到所需要的財務信息。會計分期假設的實質是以財務信息的及時性換取財務信息的精確性。

4. 貨幣計量假設

貨幣計量是指會計主體在會計核算過程中，採用貨幣作為計量單位、計量、記錄和報告會計主體的生產經營活動的一種方法。

在會計核算過程中之所以選擇貨幣作為計量單位，是由貨幣本身的屬性所決定的。貨幣是商品的一般等價物，是衡量一般商品價值的共同尺度，而其他的計量單位則無法在一個共同的量上進行匯總和比較，因而無法全面地反應一個企業的生產經營活動和業務收支等情況。

例如，一塊手錶、一臺計算機、一套服裝，由於缺乏共性，因而無法比較，但若有一塊手錶2,000元，一臺計算機5,000元和一套服裝3,000元這樣的計量單位，就有了比較的基礎。

當然，貨幣計量這一假設是以作為計量單位的幣值保持穩定為前提的。

以幣值穩定為前提是因為只有在幣值穩定或相對穩定的情況下，不同時點的資產價值才具有可比性，不同時間的收入和費用才能進行比較，才能據以計算並確定其經營成果，從而使會計核算所提供的財務信息能真實地反應企業的財務狀況和經營成果。

根據貨幣計量假設和《企業會計準則——基本準則》的要求，若某一企業的經濟

項目二　財務信息提供的載體、要素、等式及假設與原則

業務處理採用多種貨幣計量，應確定其中一種貨幣為記帳本位幣，在中國一般應以人民幣為記帳本位幣。若企業的業務收支主要為外幣，也可以某種外幣為記帳本位幣，但編制財務報表時仍應折算成人民幣。

5. 權責發生制假設

權責發生制也稱應計制或應收應付制，它要求對會計主體在一定期間內發生的各項業務，凡符合收入確認標準的本期收入，無論其款項是否收到，均應作為本期收入處理；凡符合費用確認標準的本期費用，無論其款項是否付出，均應作為本期費用處理；反之，凡不符合收入確認標準的款項，即使在本期收到，也不應作為本期收入處理。凡符合費用確認標準的款項，即使在本期付出，也不應作為本期費用處理。顯然，權責發生制所反應的經營成果與現金的收付是不一致的。

中國《企業會計準則——基本準則》規定：企業的會計確認、計量和報告應當採用權責發生制。

二、財務信息提供的一般原則

為了實現財務會計報表的目標，保證會計信息的質量，必須明確會計信息的質量要求。會計信息的質量要求是財務會計報表所提供信息應達到的基本標準和要求，是財務信息提供應滿足的一般原則。一般認為，會計信息的質量要求主要包括客觀性、相關性、明晰性、可比性、實質重於形式、重要性、謹慎性和及時性8條原則。

1. 客觀性原則

客觀性原則又稱真實性原則，要求企業應當以實際發生的交易或事項為依據進行確認、計量和報告，如實反應符合確認和計量要求的各項會計要素及其他相關信息，保證會計信息真實可靠、內容完整。客觀性原則包括以下幾個重要含義。

（1）真實，是指會計反應的結果應當同企業實際的財務狀況和經營成果相一致。

（2）可靠，是指對經濟業務的記錄和報告，應當做到不偏不倚，以客觀的事實為依據，而不能受主觀意志的左右，力求會計信息的真實可靠。

（3）可驗證，是指有可靠的依據借以復查數據的來源及信息的提供過程。

2. 相關性原則

相關性原則要求企業提供的會計信息應當與投資者、債權人等財務報告使用者的經濟決策需要相關，以有助於投資者、債權人等財務報告使用者對企業過去、現在、

未來的情況做出評價和預測。

會計信息是否有用,是否具有價值,關鍵是看其與使用者的決策需要是否相關,是否有助於決策,或者提高決策水平。相關的會計信息應當能夠有助於使用者評價企業過去的決策,證實或修正過去的有關預測,因而具有反饋價值。相關的會計信息還應當具有預測價值,有助於使用者根據財務報告所提供的會計信息預測企業未來的財務狀況、經營成果和現金流量。例如,區分收入和利得、費用和損失,區分流動資產和非流動資產、流動負債和非流動負債,以及適度引入公允價值等,都可以提高會計信息的預測價值,進而提升會計信息的相關性。

3. 明晰性原則

明晰性原則也可稱為可理解性原則,要求企業提供的會計信息應當清晰明了,便於投資者等財務報表使用者理解和使用。企業編制財務報表、提供會計信息的目的是使用,而要讓使用者有效使用會計信息,就應當讓其瞭解會計信息的內涵,弄懂會計信息的內容,這就要求財務報表所提供的會計信息應當清晰明了、易於理解。只有這樣,才能提高會計信息的有用性,實現財務報表的目標,滿足向投資者等財務報表使用者提供有關決策信息的要求。

4. 可比性原則

可比性原則又稱統一性原則,是指會計核算應當按照國家統一規定的會計處理方法和程序進行,確保會計信息口徑一致,提供相互可比的會計信息。

(1) 同一企業不同時期發生的相同或相似的交易或事項,應該採用一致的會計政策。

(2) 不同企業發生的相同或相似的交易或事項,應該採用規定的同一會計政策。

5. 實質重於形式原則

實質重於形式原則要求企業應當按照交易或事項的經濟實質進行會計確認、計量和報告,不能僅僅以交易或事項的法律形式為依據。

企業發生的交易或事項在多數情況下,其經濟實質和法律形式是一致的,但在有些情況下會出現不一致。例如,以融資租賃方式租入的資產雖然從法律形式上企業並不擁有其所有權,但是由於租賃合同中規定的租賃期相當長,或者租賃金額相當大,或者租賃期結束時承租企業有優先購買該資產的選擇權等。因此,從其經濟實質來看,租賃企業能夠控製融資租入資產所創造的未來經濟利益的流入,因此在會計確認、計

項目二 財務信息提供的載體、要素、等式及假設與原則

量和報告時，就應當將以融資租賃方式租入的資產視為企業的自有資產，列入企業的資產負債表。

又如，企業按照銷售合同銷售商品，但又簽訂了售後回購協議的，雖然從法律形式上實現了收入，但如果企業沒有將商品所有權上的主要風險和報酬轉移給購貨方，就沒有滿足收入確認的各項條件，即使簽訂了商品銷售合同，並已將商品交付給購貨方，也不應當確認為銷售收入。

6. 重要性原則

重要性原則是指財務報表在反應企業的財務狀況和經營成果的同時，對於重要的會計事項應單獨核算、單獨反應。

西方法律上有一條原則是「De Minimis Non Curat Lex」，意思是說法庭不考慮瑣碎事項。同樣地，會計師也不打算去記錄那些不重要的事項，因為記錄結果的用處不大，所以不值得花那麼多精力和費用去記錄它們。

不幸的是，重要事項與不重要事項之間沒有一條公認的準確界限，這需要會計師的個人判斷與常識。對於初學者來說，他們對收集會計信息的成本沒有多少概念，很自然地，他們通常會指望會計師事無鉅細地去記錄所發生的每一事項，而實務中會計師不可能這樣做。對於上市公司的總經理和財務總監來說，「重要性是指什麼」這一問題非常重要，美國證券交易委員會（SEC）要求他們以書面形式做出保證，以證明他們已經審查過所有報送 SEC 的財務報告，報告中沒有任何對重大事實的不實闡述，也沒有遺漏任何重要事實。通常 SEC 的立場是，如果一個事項對投資者來說是重要的，那麼它就具有重要性。

重要性概念也經常會用在會計活動的其他方面。事實上，很多方面的工作都會運用到重要性原則。

7. 謹慎性原則

謹慎性原則又稱穩健性原則，是指處理企業不確定的經濟業務時，若該項經濟業務有多種處理方法可供選擇，應採取不導致誇大資產、虛增利潤的做法。謹慎性原則要求充分考慮可能的損失，而不應該考慮可能的收益。例如，要求企業對可能發生的資產減值損失計提資產減值準備，對售出的商品可能發生的保修義務等確認預計負債等，就體現了會計信息質量的謹慎性要求。

財務會計準則委員會（FASB）認為：「基於合理懷疑之上的謹慎報告有利於建立

會計報告使用者對報告結果的信心,並在長期內更好地為所有利益各方服務。」長期存在的謹慎報告的觀點導致了穩健性概念。這一原則經常被闡釋為一種傾向,即在衡量不確定性事項時,會計師們寧願低估淨收益與淨資產也不願高估它們。因此,如果未來不確定事項的數量有兩種結果,並且兩種發生的可能性相同,那麼,在計量資產或收入時傾向於採納較小的數據。幾十年來,這一原則被人們非正式地表述為:應盡可能充分估計所有的損失,不要去估計可能的收益。

可以將穩健性原則的兩個方面進行正式表述如下:

（1）只有當收入可以合理確定時才確定收入。

（2）當具備合理的可能性時應立刻確認費用（留存收益減少）。

8. 及時性原則

及時性原則要求企業對於已經發生的交易或事項,應當及時進行確認、計量和報告,不得提前或延後。

會計信息的價值是幫助所有者或其他方面在做出經濟決策時,具有時效性。即使是可靠、相關的會計信息,如果不及時提供,就失去了時效性,對於使用者的效用就會大大降低,甚至不再具有實際意義。

及時性原則有以下兩重含義:

（1）處理及時。對企業發生的經濟活動應及時在本會計期間內進行會計處理,而不延至下期。

（2）報送及時。會計資料,如會計報表等,應在會計期間結束後,按規定日期及時報送出去。

復習思考

1. 財務信息提供的載體有哪些？它們之間有什麼關係？
2. 財務信息提供的要素有哪些？它們的作用是什麼？
3. 有哪些會計假設和原則？其意義是什麼？
4. 瞭解會計假設和原則對財務報表分析有何意義？

項目三　會計政策選擇分析

學習目標

1. 瞭解公司的主要會計政策。
2. 掌握會計政策對財務結果的影響。
3. 掌握會計政策分析的基本框架。

　　現代公司治理最重要的特點之一就是經營權和所有權的分離。為了消除或降低管理者與所有者之間的信息不對稱，上市公司管理層有義務及時、準確地向股東等利益相關者提供能夠真實地反應企業財務狀況、經營成果和現金流量的財務報表，以便於利益相關者做出決策並評價管理層是否有效地履行其受託責任。然而，由於自利動機，上市公司的管理層或控股股東有時會利用會計準則和制度所賦予的會計政策選擇權，人為地操縱企業的財務狀況、經營成果和現金流量以迎合資本市場和監管層的預期。

　　會計政策是指企業在會計確認、計量和報告中所採用的原則、基礎和會計處理方法。《企業會計準則》要求上市公司在財務報表附註中披露主要的會計政策以及會計政策的變更情況。會計政策分析的目的是評價企業的財務報告對企業基本經營情況的反應程度，合理、準確的會計政策分析是財務分析和企業估值的基礎。

財務報表分析

任務一　主要的會計政策

上市公司在財務報表附註中會對本企業所採取的主要會計政策進行詳細說明，一般而言，企業的主要會計政策包括：

一、企業合併的會計政策

企業合併的會計政策包括企業合併的會計處理方法以及合併會計報表的編制方法。中國會計準則規定，企業合併的會計處理方法區分為同一控製下的企業合併和非同一控製下的企業合併兩類。

1. 同一控製下的企業合併

參與合併的企業在合併前後均受同一方或相同的多方最終控製且該控製並非暫時性的，為同一控製下的企業合併。合併方在企業合併中取得的資產和負債，按照合併日在被合併方的帳面價值計量。取得的淨資產帳面價值與支付的合併對價帳面價值（或發行股份面值總額）的差額，調整資本公積中的股本溢價；資本公積中的股本溢價不足衝減的，調整留存收益。為進行企業合併發生的直接相關費用，於發生時計入當期損益。合併日為合併方實際取得被合併方控製權的日期。

2. 非同一控製下的企業合併

參與合併的各方在合併前後不受同一方或相同的多方最終控製的，為非同一控製下的企業合併。購買方為取得被購買方控製權而付出的資產、發生或承擔的負債以及發行的權益性證券在購買日的公允價值之和，減去合併中取得的被購買方可辨認淨資產於購買日公允價值份額的差額，如為正數則確認為商譽，如為負數則計入當期損益。

3. 合併財務報表的編制

合併財務報表是指反應母公司和其全部子公司形成的企業集團整體財務狀況、經營成果和現金流量的財務報表。母公司是指有一個或一個以上子公司的企業；子公司

項目三　會計政策選擇分析

是指被母公司控製的企業。合併財務報表的合併範圍是以控製為基礎確定的。控製是指一個企業能夠決定另一個企業的財務和經營政策，並能據以從另一個企業的經營活動中獲取利益的權力，具體而言控製包括以下幾個層面的內容：

（1）母公司直接或通過子公司間接持有被投資單位半數以上的表決權，則表明母公司能控製被投資單位；

（2）母公司擁有被投資單位半數或以下的表決權，滿足下列條件之一的可視為母公司能夠控製被投資單位：

・通過與被投資單位其他投資者之間的協議，擁有被投資單位半數以上的表決權；

・根據公司章程或協議，有權決定被投資單位的財務和經營政策；

・有權任免被投資單位的董事會或類似機構的多數成員；

・在被投資單位的董事會或類似機構占多數表決權。

此外，投資者還需要評估上市公司持有的被投資單位的當期可轉換的公司債券、當期可執行的認股權證等潛在表決權因素對母公司控製權的影響。

二、資產確認的會計政策

企業的資產種類繁多，各類資產的會計處理方法又存在差異，因此，投資者需要對企業的主要資產確認的會計政策進行分析。企業的主要資產包括：固定資產、存貨、無形資產、商譽等。

1. 固定資產確認的會計政策

固定資產是指為生產商品、提供勞務、出租或經營管理而持有的，使用壽命超過一個會計年度的資產。固定資產按成本進行初始計量，外購固定資產成本包括價款、相關稅費以及使固定資產達到預定可使用狀態前所發生的可歸屬於該項資產的運輸費、裝卸費、安裝費和專業人員服務費等；自行建造固定資產的成本，由建造該項資產達到預定可使用狀態前所發生的必要支出構成。

固定資產在投入使用後需要計提折舊，可選用的折舊方法包括年限平均法、工作量法、雙倍餘額遞減法和年數總和法等。不同的折舊方法下固定資產的折舊總額在時間和金額上均存在顯著差異，並影響企業當期的損益。管理層對固定資產的使用壽命、預計淨殘值以及折舊期限這些會計政策的估計會影響企業的當期利潤。如果管理層的估計過於樂觀，高估資產壽命、資產殘值和折舊期限，企業的收益和固定資產的帳面

價值就會被高估；相反，如果管理層的估計過於悲觀，低估資產壽命、資產殘值和折舊期限，企業的收益和固定資產的帳面價值就會被低估。

此外，固定資產的折舊或攤銷的會計政策對不同規模的企業的影響也存在著差異。對於資產密集型企業如電力行業、通訊行業、石油化工行業等，由於固定資產規模龐大，只要適當改變折舊政策就會對當期利潤產生較大的影響；而對於固定資產規模較小的企業，改變固定資產的折舊政策對企業利潤的影響有限。鑒於此，需要特別關注規模龐大的企業的固定資產折舊會計政策。另外，分析時需要將被分析企業的折舊政策與同行業內擁有相似資產規模、執行類似戰略的競爭者相比較，這有助於投資者發現潛在的資產和收益高估的情況。

2. 存貨確認的會計政策

存貨包括原材料、在產品、半成品、產成品等。存貨按成本進行初始計量，存貨成本包括採購成本、加工成本和使存貨達到目前場所和狀態所發生的其他支出。

此外，企業會計準則規定發出存貨的實際成本計算應當採用先進先出法、加權平均法或者個別計價法，不同的發出存貨的計價政策會對財務報表產生不同的影響，投資者需要分析發出存貨的計價政策的影響。

在資產負債表日，存貨應當按照成本與可變現淨值孰低計量。可變現淨值是指在日常活動中，存貨的估計售價減去至完工時估計將要發生的成本、估計的銷售費用以及相關稅費後的金額。存貨成本高於其可變現淨值的，應當計提存貨跌價準備，計入當期損益。

3. 無形資產確認的會計政策

無形資產是指企業擁有或控製的沒有實物形態的可辨認非貨幣性資產。外購無形資產的成本，包括購買價款、相關稅費以及直接歸屬於使該項資產達到預定用途所發生的其他支出。對於企業內部的研發活動，企業會計準則將企業內部研究開發項目的支出區分為研究階段支出與開發階段支出，研究階段的支出應於發生時計入當期損益，而開發階段的支出在滿足無形資產資本化的條件後可以確認為無形資產。

使用壽命有限的無形資產，需要在其使用壽命期限內進行合理攤銷。無形資產的攤銷金額一般計入當期損益，因此無形資產的攤銷方法和攤銷期限會影響企業的損益。分析者需要關注企業研發項目資本化的情況、關注無形資產的攤銷方法和攤銷期限對業績的影響，同時需要將本企業的無形資產會計處理政策與行業內其他企業情況做比較。

項目三 會計政策選擇分析

4. 商譽確認的會計政策

商譽是非同一控製下購買方對合併成本大於合併中取得的被購買方可辨認淨資產公允價值份額的差額。初始確認後的商譽，應當以其成本扣除累計減值準備後的金額計量。從理論上講，作為一項資產，商譽應該能夠為企業帶來未來經濟利益，但是與固定資產等其他資產不同，商譽為企業帶來的未來經濟利益存在極大的不確定性。商譽還受被購買方淨資產公允價值確定的影響，因此非同一控製下企業合併所帶來的商譽並不一定具有經濟價值。在分析商譽時，一方面需要認真評估被購買方的公允價值的合理性；另一方面需要評估商譽對企業未來經濟利益的影響。

【例 3-1】 瑞銀 PK 利豐，323 億港元商譽隱患

2011 年 5 月 25 日，瑞銀證券向其客戶發出一份關於利豐的沽售報告，將利豐的目標股價由 16.5 港元調低至 9 港元，降幅達 45%。次日，利豐股價應聲下跌 5.71%。而在 2011 年 2 月份，利豐股價曾達到 50 港元高位（5 月 16 日利豐進行 1 分 2 拆股），曾有券商上調其目標價至 60.3 港元。利豐是香港消費領域的百年老店，這只公認的藍籌股突然被看空逾 4 成，市場有些措手不及。

瑞銀提出了四點理由，其中一點就是關於利豐近年來的不斷收購帶來的商譽問題。利豐 2010 年 12 月 31 日的簡要資產負債表見表 3-1。

表 3-1 2010 年 12 月 31 日利豐的簡要資產負債表   單位：億港元

流動資產	327	負債	458
其中：現金和銀行存款	75	所有者權益	283
非流動資產	414		
其中：商譽	323		
資產合計	741	負債及所有者權益合計	741

截止到 2010 年 12 月 31 日，利豐的所有者權益總額為 283 億港元，但帳面有 323 億港元的商譽，且沒有計提任何的減值準備。尤其值得關注的是，利豐的商譽在報告期內迅速增長，由年初的 155 億港元增長至年末的 323 億港元，淨增 168 億港元；而本財年利豐實現歸屬於母公司股東的利潤只有 43 億港元。扣除商譽，利豐已資不抵債 40 億港元。截止到 2010 年 12 月 31 日，利豐的現金及銀行存款只有 75 億港元，相對於整個財年高達 1,241 億港元的營業收入而言，利豐的資金並不寬裕。

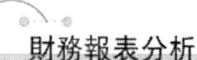

顯然利豐323億港元的商譽是個火藥桶。對於利豐這樣的依靠供應鏈競爭優勢的公司，其優勢並不像資產密集型企業那樣體現為固定資產，而是體現在無形資產上。利豐通過併購整合產業鏈的行為在帳面上確認了巨額商譽本身也無可厚非，核心的問題在於被收購企業的實際盈利能力，一旦被收購企業的盈利能力下降或者無法帶來利豐所預期的供應鏈優勢，則利豐就將面臨商譽減值所帶來的財務風險。因此，商譽減值的會計政策對於評估利豐而言就顯得尤為重要。

三、收入確認的會計政策

收入是指企業在日常經營活動中形成的、會導致所有者權益增加的、與所有者投入資本無關的經濟利益的總流入。收入包括銷售商品收入、提供勞務收入和讓渡資產使用權收入。企業會計準則中明確規定了各類收入的確認條件，並要求在報表附註中披露收入確認所採用的會計政策，包括確定提供勞務交易完工進度的方法。但是由於收入的產生是不確定的，並且管理層最瞭解收入確認的不確定性——產品或服務是否已經提供給客戶、收回現金是否有合理的可能性等，因此收入成為管理層可能進行盈餘管理的重要手段，管理層既可能通過提前確認收入來增加當期利潤，也可能通過推遲收入確認來平滑未來收入。

提前確認收入是將未來的收入提前至本期確認，其特徵是應收帳款增長速度超過銷售增長速度以及應收帳款回收天數的增加；相反，如果在某些會計年度公司的銷售收入增長速度過快，為了保證收入的平滑，管理層可能會考慮將本應今年確認的收入遞延到以後會計年度確認。

【例3-2】 微軟公司的高額遞延收入

微軟公司在1996—2002年，通過將符合規定應當資本化的研發費用確認為期間費用並延遲收入確認時間，少列報了159億美元的利潤（見表3—2）。微軟的這種低估利潤的會計政策選擇行為主要是為了擺脫與美國司法部的反壟斷官司。收入的遞延又使得微軟在2000年整個行業遭遇「高科技泡沫」的情況下，因將前期遞延收入確認而保證了收入的穩定性。

表 3-2 微軟公司針對反壟斷所選擇的遞延收入政策

年度	遞延收入餘額 金額（億美元）	增長率	銷售收入 金額（億美元）	增長率
1996	5.60	937%	87	45%
1997	14.18	153%	113	30%
1998	28.88	104%	145	28%
1999	42.39	47%	197	36%
2000	48.16	14%	230	17%
2001	56.14	17%	253	10%
2002	77.43	38%	284	12%

註：表中數據根據 1996—2002 年微軟公司財務報告整理得到。

四、資產減值的會計政策

資產減值是指資產的可收回金額低於其帳面價值。資產包括單項資產和資產組。資產組是指企業可以認定的最小資產組合，其產生的現金流入應當基本上獨立於其他資產或者資產組產生的現金流入。

行業的變化（如產業升級）和企業的經營狀況變化（如企業競爭力下降）可能會影響長期資產的價值。會計準則要求企業在長期資產發生減值時需要對其進行減值確認。與流動資產不一樣，長期資產的二手市場缺乏流動性，其價值評估具有一定的主觀性。因此，管理層可能利用會計政策選擇權，推遲長期資產的減值，並避免在利潤表中反應為損失費用；相反，通過高估長期資產減值，可以減少當期收益並提高企業未來收益。分析時需要關注兩類採用該方式進行盈餘管理的企業，一類是資產密集型企業，該類企業長期資產規模大，產業升級、技術更新等原因會導致此類企業產生較大的資產減值；另一類是頻繁進行併購的企業，併購時長期資產的價值往往會被高估，併購後併購資產的價值會降低，也會產生較大規模的資產減值。

財務報表分析

【例 3-3】 中國冶金科工與中國遠洋控股的資產減值比較

2012 年中國冶金科工股份有限公司與中國遠洋控股股份有限公司均發生了巨額虧損，分析這兩家公司的資產減值損失有助於我們理解其真實經營狀況。如表 3-3 所示，中國冶金科工在 2012 年計提了 157.68 億元的資產減值損失，是 2011 年計提的 16.48 億元的近 10 倍。公司年報顯示計提原因主要包括對持有的中冶葫蘆島有色金屬集團有限公司應收帳款計提大額減值準備、對西澳大利亞 SINO 鐵礦項目計提合同預計損失、對西澳蘭伯特角項目計提資產減值等。中國冶金科工 2012 年的巨額資產減值的計提直接導致了該公司的虧損，該公司在 2012 年歸屬於母公司股東的淨利潤為-69.52 億元；另一方面，該公司巨額計提的行為也是一種「洗大澡」的行為，為未來的業績增長甩掉了包袱。相比中國冶金科工，中國遠洋控股的資產減值計提相對較低。該公司 2012 年計提減值準備 1.64 億元，比 2011 年增加了 0.56 億元。即便如此，該公司在 2011 年和 2012 年的歸屬於母公司股東的淨利潤仍達到了驚人的-104.49 億元和-95.60 億元。此外，在近幾年國際航運市場不景氣的背景下，2012 年該公司計提的資產減值損失僅為總資產的 0.1%。從兩家公司的未來業績來看，中國冶金科工未來業績轉好的可能性要大於中國遠洋控股。

表 3-3 中國冶金科工與中國遠洋控股的資產減值比較　　　　　　　單位：億元

項目	中國冶金科工		中國遠洋控股	
	2011 年	2010 年	2011 年	2012 年
總資產	3,320.31	3,262.35	1,574.37	1,652.28
資產減值損失	16.48	157.68	1.08	1.64
資產減值損失占總資產的比例	0.50%	5.83%	0.07%	0.10%
歸屬於母公司股東的淨利潤	42.43	-69.52	-104.49	-95.60

五、關聯方與關聯方交易的會計政策

企業會計準則規定，一方控製、共同控製另一方或對另一方施加重大影響，以及兩方或兩方以上同受一方控製、共同控製或重大影響的構成關聯方。控製是指有權決定一個企業的財務和經營政策，並能據以從該企業的經營活動中獲取利益；共同控製

是指按照合同約定對某項經濟活動所共有的控製，僅在與該項經濟活動相關的重要財務和經營決策需要分享控製權的投資方一致同意時存在；重大影響是指對一個企業的財務和經營政策有參與決策的權力，但不能控製或者與其他方一起共同控製這些政策的制定。

一般而言，企業的關聯方有以下幾類：

（1）該企業的母公司；

（2）該企業的子公司；

（3）與該企業受同一母公司控製的其他企業；

（4）對該企業實施共同控製的投資方；

（5）對該企業施加重大影響的投資方；

（6）該企業的合營企業；

（7）該企業的聯營企業；

（8）該企業的主要投資者個人及與其關係密切的家庭成員；

（9）該企業或其母公司的關鍵管理人員及與其關係密切的家庭成員；

（10）該企業主要投資者個人、關鍵管理人員或與其關係密切的家庭成員控製、共同控製或施加重大影響的其他企業；

關聯方交易是指關聯方之間轉移資源、勞務或義務的行為，而不論是否收取價款。一般而言，關聯方交易包括以下幾種類型：

（1）購買或銷售商品；

（2）購買或銷售商品以外的其他資產；

（3）提供或接受勞務；

（4）擔保；

（5）提供資金（貸款或股權投資）；

（6）租賃；

（7）代理；

（8）研究與開發項目的轉移；

（9）許可協議；

（10）代表企業或由企業代表另一方進行債務結算；

（11）關鍵管理人員薪酬。

財務報表分析

由於關聯方交易涉及關聯方之間的資源流動，具有控製力的關聯方會利用其控製權謀取控製私利，因此投資者在分析公司的關聯方和關聯方交易時，需要特別關注關聯方交易的合理性。

【例3-4】 五糧液的關聯交易

五糧液股份有限公司（以下簡稱「五糧液」）由四川省宜賓五糧液酒廠發起設立，發起人宜賓國資委所持資產折合為24,000萬股，占公司總股份的75%，同時發行8,000萬股流通股，發行價格為每股14.77元，於1998年4月在深圳證券交易所上市。由於受當時的上市額度限制，只能將部分資產裝入上市公司，而其他未上市的部分資產則組建成五糧液集團。五糧液一直託管於五糧液集團，五糧液集團被視為五糧液的母公司。2012年10月15日，宜賓國資委將其持有的7.6億股的五糧液股份無償劃給五糧液集團。在此次股份無償劃轉後，宜賓國資委仍持有五糧液36%的股權，即13.66億股，仍為第一大股東，五糧液集團將持有20.07%的股權，為第二大股東。五糧液的產權控製如圖3-1所示。

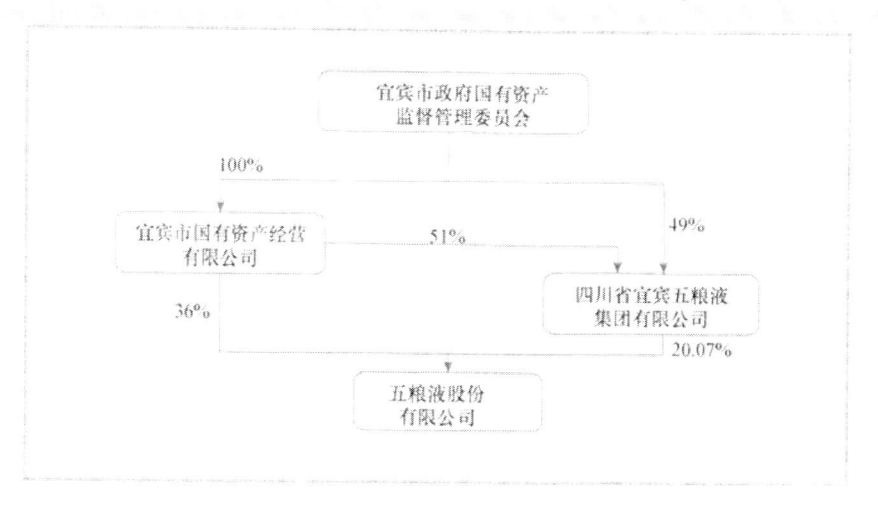

圖3-1 五糧液股份有限公司的股權結構圖

五糧液集團旗下控製安吉物流等多家子公司。自上市以來，五糧液一直通過與五糧液集團及其子公司的巨額關聯交易轉移利潤。根據2013年五糧液董事會出具的日常關聯交易預計公告，2012年五糧液的關聯交易實際發生總額達到20.76億元。

五糧液與五糧液集團之間存在以下的關聯方交易：

1. 服務費及設備使用費

五糧液改制上市時，只是將主要經營性資產及供銷公司劃入上市公司。因此，五糧液的其餘所有服務都需要由五糧液集團提供，集團公司因此可以收取一部分服務費。五糧液集團每年收取的這類費用主要包括綜合服務費、貨物運輸費、資產租賃費等，2001年起還增加收取維修服務費、土地租賃費及經營管理費等。從1998年至2012年，五糧液集團累計收取五糧液148,652萬元的服務費及設備使用費。

儘管每家上市公司都聲稱母公司的收費是合理、公平的，不存在損害上市公司利益的現象，但是，此類費用的定價完全由集團公司決定，而實踐表明定價往往不符合實際。例如，2000年五糧液向五糧液集團租賃第七包裝車間，根據配股說明書，其原始投資為1.29億元，而年租賃費為6,000萬元。共租賃兩年零兩個月，支付租賃費1.3億元，又評估作價1.5億元買入。按照該資產的租賃費收費標準，五糧液集團在該資產上的年收益率接近50%，明顯高於市場價格。

2. 資產往來

五糧液與五糧液集團之間的資產往來也非常多，如2009年收購集團公司所控股的子公司下屬的3D公司及神州玻璃。從2007年至2012年6年間，上市公司通過這種方式共向集團公司支付超過40億元的現金。

3. 產品往來

五糧液在產品生產過程中還必須要向五糧液集團採購商品。例如，由集團公司及其所屬企業向五糧液股份提供各類產品，包括基酒及其加工、酒瓶與瓶蓋加工以及其他包裝材料。在生產基酒的車間於2001年通過置換裝入上市公司後，又新增向五糧液集團購買伏特加、葡萄酒等產品。

六、會計政策或會計估計變更

根據企業會計準則的規定，會計政策的變更採用追溯調整法，而會計估計的變更採用未來適用法。投資者在分析會計政策和會計估計的變更時需要考慮企業會計政策和會計估計變更的合理性以及經濟影響。例如，企業原來採用加速折舊法，突然改為平均年限法，投資者就需要分析企業改變折舊方法的原因以及改變折舊方法對企業未來業績的影響。

任務二　會計政策選擇分析的步驟

一般而言，會計政策選擇分析包括六個步驟：
(1) 明確關鍵的會計政策；
(2) 評價企業會計政策選擇的靈活性；
(3) 會計政策評估；
(4) 評價企業的信息披露質量；
(5) 辨別潛在風險信號；
(6) 調整報表，消除信息失真。

一、明確關鍵的會計政策

例如，蘋果公司由於採用差異化戰略在其所處的行業取得了巨大的成功，但是同時蘋果公司也必須面臨該行業的特定風險，如替代產品和新技術的風險等。財務報表分析的重要目的之一就是評價企業管理層管理上述成功因素和風險的能力。因此，在會計政策選擇上，分析者應首先能夠識別和評價企業用於衡量這些關鍵成功因素和風險的會計政策。

在個人計算機和手機領域，決定企業成功的因素有創新和產品質量；在銀行業，

項目三　會計政策選擇分析

決定銀行成功的關鍵因素有利率和信用風險管理；在零售業，庫存管理非常重要；而在租賃行業，一個極為重要的成功因素就是在租賃期結束時對租賃設備殘值進行準確的估計。在上述各種情況下，分析者都必須明確被分析企業所採取的能反應其經營戰略的會計政策以及這些會計政策所必須包含的重要財務預測。例如，對個人計算機和手機制造商而言，反應創新的是公司研發投入的會計核算辦法，反應產品質量的是保修費用和準備金；銀行保險業則用貸款準備金反應其信用風險；而對租賃行業中的企業，最重要的會計政策就是殘值計量方法。殘值會影響企業的利潤和資產，一旦殘值被高估，則企業在未來就會面臨需要多計提折舊的風險，同時會使企業在租賃價格的設計上出現失誤。

二、評價企業會計政策選擇的靈活性

儘管會計政策的選擇，尤其是反應企業關鍵成功因素和風險的會計政策的選擇對企業而言非常重要，但並不是所有的企業都在會計政策選擇上具有同樣的靈活性。例如，企業投入的研究和開發費用的資本化條件就比較嚴格。

通常認為，會計政策的靈活性越高，則管理層利用會計政策進行盈餘管理的動機就越強。但是，會計政策的靈活性也可能反應了公司經營活動的複雜性和外部環境的不確定性，在此種情況下，較為靈活的會計政策能夠提供更加豐富的會計信息。

當然，無論企業管理層在衡量成功的關鍵因素和風險時的靈活性如何，總會存在幾個主要的具有靈活性的會計政策，典型的如折舊政策（直線法還是加速折舊法）和存貨計價政策（先進先出法還是加權平均法）。折舊方法和存貨計價方法等會計政策不一定是企業的關鍵成功因素和風險，但是不同的折舊和存貨計價方法會影響企業的利潤和資產狀況。這就給管理層操縱會計數據提供了便利，因此這些會計政策選擇是進一步分析的重點。

三、會計政策評估

由於管理層可以利用會計政策靈活地披露企業的經濟狀況或者操縱企業的經營業績，因此分析者在進一步分析前需要對企業所採用的會計政策進行評估。評估的內容包括以下幾個方面：

1. 企業的會計政策是否與行業標準一致

一般來說，同行業的企業在業務上具有較大的一致性，因此同一行業內的企業在

財務報表分析

會計政策上不應有太大的差異。企業的會計政策與行業標準之間存在較大差異，可能有兩種原因：一是該企業採用了不同於行業其他企業的獨特的商業模式；二是該企業可能會通過會計政策的選擇來獲得預期的財務業績。例如，假設一家企業報告的保修費用低於行業平均水平，一種解釋是該企業以高質量產品參與競爭，並已投入大量資源用於降低不良產品的比例；另一種解釋則是該企業僅僅是低估了其保修責任。

2. 企業管理層是否有利用會計政策選擇進行盈餘管理的強烈動機

管理層往往具有強烈的動機進行會計政策的選擇，如滿足個人業績考核的要求。因此分析者在分析時需要判斷管理層在進行會計政策選擇時是否存在強烈的盈餘管理動機。例如，企業是否有快要到期的巨額負債？管理層是否難以完成薪酬業績目標？管理層是否持有企業的大量股份和股票期權？該企業目前是否存在內部控製權爭奪的問題？管理層是否會通過會計政策選擇進行納稅籌劃？

3. 企業是否變更了任何一項會計政策或會計估計

分析者需要判斷企業是否改變了其長期使用的會計政策或會計估計，如果改變了，改變的理由是什麼，改變的結果是什麼。例如，如果企業的保修費用下降，是不是因為企業進行了大量投資以提高產品質量？如果不是，那麼是什麼原因導致保修費用下降？保修費用的下降是否對客戶服務和客戶滿意度等方面產生不良影響。這些都是分析者需要考慮的。

4. 企業的會計政策和會計估計在過去是否符合實際

企業在過去所採用的會計政策和會計估計可能並不符合實際。例如，企業可以通過操縱不需要經過外部審計的季度報告來高估當期的收入並低估支出。然而，當財務年度結束時，根據審計程序，這些企業需要對第四季度報告進行大量調整，分析者可以借此機會評估中期財務報告的質量。同樣，如果企業的固定資產折舊太慢，那麼企業以後不得不大量地註銷企業固定資產的帳面價值。因此，銷帳的歷史記錄可以表明企業先前進行過盈餘管理。

5. 為了實現某種特定的會計目標，企業是否對重要的業務交易進行了調整

為了實現某種特定的會計目標，企業可能會選擇對企業的重要業務進行包裝。例如，租賃企業可以通過改變租賃條款，如修改租賃期限等方式將經營性租賃改為融資性租賃。企業甚至可能會針對企業會計準則的規定設計交易或交易條款，這種通過設

項目三　會計政策選擇分析

計交易來達到盈餘管理目的的手段稱為真實盈餘管理。

四、評價企業的信息披露質量

儘管監管機構對會計信息披露提出了不少要求，但是由於管理層仍具有較大的會計政策選擇餘地，因此信息披露質量是反應企業會計質量的重要方面。在評價企業信息披露的質量時，需要考慮以下的信息披露要點：

1. 企業是否披露了足夠的用以衡量企業的經營戰略和經營業績的信息

企業在年報中會披露企業所處的行業狀況、競爭地位以及管理層的未來計劃，但是不排除某些企業的管理層會在年報中誇大其財務業績，同時隱瞞企業關鍵的戰略信息。2011 年中資概念股在美國遭遇集體被做空浪潮。2011 年 6 月 3 日渾水調查機構（Muddy Water Research）發布了對嘉漢林業（Sino-Forest, TSX：TRE）的做空報告，在報告中分析者認為嘉漢林業通過離岸子公司、授權中間商、採購代理人構建了一個複雜的商業模式，從而取得了「優異」的財務業績。渾水調查機構抨擊嘉漢林業的一個重要理由就是嘉漢林業一直拒絕對外披露其商業模式中的授權中間商的具體信息。嘉漢林業給出的理由是該行業競爭激烈，存在眾多的競爭者及新入者，一旦披露授權中間商的信息，則嘉漢林業將失去競爭優勢。但是該說法十分牽強，因為即使嘉漢林業不透露授權中間商的身分，資本市場的自利行為原則也會讓授權中間商按他們自己經濟利益最大化決策，尋找最優的合作夥伴，以獲取更大的經濟利益。無論嘉漢林業隱瞞授權中間商的動機如何，如此行為自然會引起分析者的懷疑。

2. 附註信息是否充分解釋了主要的會計政策

財務報表附註的功能是對企業所採取的主要會計政策、會計政策變更以及會計政策變更影響做出說明。附註信息披露得完整全面，分析者才能夠衡量企業所採用的主要會計政策與行業標準的差異以及會計政策變更的影響。

3. 企業是否對當期的業績及其變化進行了充分說明

企業年報中的管理層討論與分析部分有助於分析者瞭解企業業績變化的原因。有些企業利用管理層討論與分析這一部分將其財務業績同所處的經營環境聯繫起來。例如，如果企業的利潤在一段時間內下降了，是因為企業所處行業競爭激烈導致價格競爭，還是因為原材料價格上漲導致生產成本上升，又或是因為全球遭遇經濟危機？如果企業的銷售費用和管理費用上升了，是因為企業正在進行差異化戰略投資，還是因

為非生產性的管理費用在攀升？因此，分析者需要仔細分析年報中的管理層討論與分析部分，以確保管理層對當期的業績及業績變化進行了充分說明。

4. 多元化企業的分部信息披露質量

上市公司的規模一般較大，很多上市公司涉足多個行業進行多元化經營。對於多元化企業集團，不同行業企業的經營情況應該單獨進行披露，能夠讓投資者和分析者對企業的未來業績做出判斷。一些企業按照產品和地區進行分類，分別對其業績進行詳細的披露，但是也有些企業將許多不同的業務匯合成一體，進行整體披露。行業中的競爭水平和管理層是否願意共享其經營數據，都影響企業分部的信息披露質量。

5. 管理層如何披露壞消息

一般而言，管理層對待好消息和壞消息的處理方式是不一樣的。會計穩健性要求會計人員傾向於對當期好消息的確認比對壞消息的確認要求有更嚴格的可證實性，但實際上管理層往往是報喜不報憂，或者存在自利性歸因，將企業的失敗或業績不佳的原因歸於外部客觀原因，如金融危機；因此管理層處理壞消息的方式可以清楚地反應出企業披露信息的質量，披露的材料是否足以解釋企業經營業績為何不佳？企業是否清楚地表明了其經營戰略？如果是的話，那麼這些戰略是否解決了企業的經營問題？

另外，分析者還需要從信息披露的及時性、合法合規性角度評價企業。目前一些機構發布了對企業的信息披露質量評價報告，如 2011 年 11 月深圳證券交易所發布的《深圳證券交易所上市公司信息披露工作考核辦法》，從真實性、準確性、完整性、及時性、合法合規性和公平性等方面對上市公司的信息披露質量進行評價，根據上述考核結果將上市公司的信息披露質量從高到低劃分為 A、B、C、D 四個等級。這些機構的信息披露質量評價可以作為分析者對企業信息披露質量的評價依據。也可以為分析者評價企業的信息披露質量提供參考。

五、辨別潛在風險信號

對分析者而言，會計政策選擇分析的目的是揭示會計信息質量問題的潛在風險信號。會計信息質量的潛在風險信號主要是指企業出現的異常財務狀況，常見的潛在風險信號包括：

1. 企業業績較差時採用未加解釋的會計變更

當企業出現這種情況時，可能表明管理層正利用會計政策選擇來「粉飾」財務會計

報表。

2. 未加解釋的提高利潤的交易

例如，當企業經營業績不佳時，可以通過出售資產、債務重組等方式獲得短期收益。

3. 與銷售增長有關的應收帳款異常增長

如果出現與銷售增長有關的應收帳款異常增長的現象，往往表明企業可能會放寬信用政策或者人為地擴充銷售渠道，以便在當期確認收入。企業的信用政策過於寬鬆，則可能發生由於客戶拖欠帳款而遭受的壞帳損失。如果企業加速向銷售渠道發貨，則企業可能會面臨後期出貨量減少或業績下降的情況。

4. 企業報告的收入和經營活動現金流量之間的差距不斷擴大

企業的會計利潤按照權責發生制的原則進行核算，會計利潤和基於收付實現制的經營活動現金流量之間發生偏差是合理的，但是在企業會計政策穩定的情況下，這兩者之間的差距應該是穩定的。如果會計利潤和現金流量之間的偏差發生重大變化，則意味著企業的會計政策或會計估計可能發生了變化。

5. 第四季度數據的大幅調整

企業的年報必須由外部審計師進行審計，但是中期財務報表一般不需要外部審計。如果企業在中期財務報表中不願意做合理的會計估計（如無法收回的應收帳款），而在年終時，迫於外部審計師的審計壓力，企業則往往會對中期財務報表中的會計政策或會計估計進行調整。因此，經常性的第四季度數據調整，可能表明企業的中期財務報表受到了管理層的操縱。

6. 非標準審計意見或在沒有充分理由的情況下更換審計師

非標準審計意見包括帶強調事項的無保留意見、保留意見、否定意見和無法表示意見四種。保留意見指審計師認為財務報表整體是公允的，但存在影響重大的錯報；否定意見指審計師認為財務報表整體是不公允的或沒有按照適用的會計準則的規定編制；無法表示意見指審計師的審計範圍受到了限制，且其可能產生的影響是重大而廣泛的，審計師無法獲取充分的審計證據。當外部審計師出具非標準審計意見或者企業在沒有充分理由的情況下更換審計師，則很可能說明企業的會計政策選擇行為已經造成了嚴重的經濟後果，並且得到了審計師的高度重視。此種情況下，說明企業的經營

狀況和會計政策選擇都出現了較大的問題，需要引起投資者和分析者的關注。

7. 大量的關聯交易

關聯交易來自企業集團內部，正是由於其內部性，這些交易可能缺乏對市場的客觀判斷，管理層對關聯交易的會計政策會比較主觀，而且相當一部分上市公司都是通過關聯交易粉飾財務報表。因此，關聯交易比重大的企業其財務報表的可靠性和持續性差。

以上七點列舉的是判斷企業存在潛在風險的信號，但是並不代表企業一旦出現上述情況就一定存在重大財務問題。因此在得出最終結論之前，對其進行深入的分析是極其重要的。每個風險信號都有很多可能性，其中一些可能是因為企業的經營模式，而另一些則可能是管理層對會計政策的選擇出現了問題。因此，潛在風險信號是進一步分析研究的起點，而不是終點。

六、調整報表

如果通過分析表明，企業管理層有動機也有可能利用會計政策選擇操縱企業財務報表，使得企業的財務報表具有誤導性，則這樣的財務報表無法用來進行財務分析。鑒於此，分析者應該根據所能獲得的信息和對企業會計政策的分析，重新核算和調整企業的財務報表數據，盡可能消除會計失真。

【例3-5】　如何調整報表

2011年，A航空公司宣布採用直線折舊法在15年內對飛機進行折舊，預計折舊後的殘值為原始成本的15%。B航空公司是A航空公司的主要競爭對手，也採用直線折舊法，但是折舊年限為20年且沒有殘值。A和B的所得稅稅率均為25%。

上述關於固定資產折舊的會計政策引起了分析師的質疑。分析師首先需要判斷A公司和B公司採用不同固定資產折舊政策的原因。例如，是否由於A公司和B公司的飛行航線不同導致它們採用不同的折舊政策？又或者是這兩家航空公司採取了不同的資產管理策略，如A公司是不是使用較新的飛機來吸引商旅顧客、降低維修成本等。如果A公司與B公司在經營策略上的差異不足以解釋它們折舊率上的差異，分析者則很可能決定對一家或兩家公司的折舊率進行調整，以保證其業績的可比性。

項目三　會計政策選擇分析

B公司的折舊政策與其他航空公司沒有太大差異，因此分析師決定調整A公司的折舊政策使之與B公司的折舊率一致。為此，A公司的財務報表需要做如下調整：

（1）在年初增加固定資產（飛機）的帳面價值，同時增加留存收益和遞延所得稅負債。

（2）減少當年的折舊費用來反應當年所採用的較低折舊率，並且增加稅收費用。

2011年年初，A公司在其財務報表附註中披露該公司飛機的初始成本為147.2億元，累計折舊額為72.69億元。根據表3-4的分析結果，A公司飛機的平均已服役時間是8.71年。

表3-4　A航空公司飛機的折舊政策　　　　　　　　　　　單位：百萬元

飛機成本（2011年1月1日）（1）	14,720
應計提折舊總額（2）=（1）×（1-15%）	12,512
累計折舊（截至2011年1月1日）（3）	7,269
已計提折舊百分比（4）=（3）/（2）	58%
折舊年限（年）（5）	15
飛機平均已服役時間（年）（6）=（4）×（5）	8.71

如果A公司採用與B公司一致的固定資產折舊政策，則累計折舊額為64.1億元，固定資產帳面價值增加8.58億元，留存收益會增加6.44億元，見表3-5。

表3-5　A航空公司的折舊調整　　　　　　　　　　　　　單位：百萬元

飛機成本（2011年1月1日）（1）	14,720
應計提折舊總額（2）=（1）（B公司的預計殘值為0）	14,720
折舊年限（年）（3）	20
累計折舊（截至2011年1月1日）	6,410.56
（4）=（1）×8.71÷（3）	6,410.56
固定資產增加（5）=7,269-（4）	858.44
所得稅稅率（6）	25%
遞延所得稅負債增加（7）=（5）×（6）	214.61
留存收益增加（8）=（5）-（7）	643.83

財務報表分析

A公司2011年全年計提折舊7.86億元。而按照20年的折舊期A公司當年應計提折舊7.36億元，因此銷售成本應減少0.5億元，2011年的所得稅費用隨之增加0.125億元。根據以上調整，A公司2010年和2011年的財務報表項目如表3-6所示。

表3-6　A航空公司的財務報表調整　　　　　　　　　單位：百萬元

	調整 2011年12月31日		調整 2010年12月31日	
	資產	負債和所有者權益	資產	負債和所有者權益
資產負債表				
長期資產	+858.44+50		+858.44	
遞延所得稅負債		+214.61+12.5		+214.61
所有者權益		+643.83+37.5		+643.83
合計	908.44	908.44	858.44	858.44
利潤表				
營業成本		−50		
所得稅費用		+12.5		
淨利潤		+37.5		

復習思考

1. 什麼是企業會計政策？
2. 企業主要的會計政策有哪些？
3. 會計政策選擇分析的步驟有哪些？
4. 如何評價企業的信息披露質量？
5. 如何根據會計政策分析對報表進行調整？

項目四 償債能力分析

學習目標

1. 掌握償債能力指標的計算方法。
2. 理解各償債能力指標計算中有關的數據選擇。
3. 理解各償債能力指標分析的影響因素。
4. 瞭解影響償債能力分析的表外信息。
5. 運用償債能力分析指標判斷償債能力。

償債能力是指企業償還到期債務本息的能力。擁有適度的償債能力是企業安全的基本保障。企業的償債能力分析分為短期償債能力分析和長期償債能力分析。在使用財務指標進行分析的同時，對涉及償債能力的其他因素也必須加以考慮。

任務一　短期償債能力

短期償債能力是指企業償還流動負債的能力，包括償還流動負債本金的能力，以及償還即將到期的利息的能力。短期償債能力分析關注即將到期債務的歸還能力，因

財務報表分析

此其相關指標是銀行和供應商最為關注的指標。

根據對償債資金來源的不同假設，短期償債能力可分為靜態償債能力和動態償債能力。靜態償債能力是指企業資產負債表上體現的企業使用經濟資源存量償還現有負債的能力。動態償債能力是指企業利潤表和現金流量表上體現的企業使用財務資源流量償還現有負債的能力。

企業靜態償債能力指標主要包括流動比率、速動比率和現金比率。這些比率越大，對債權人越有利；但是，從資產利用效率的角度來看，比率越大，往往意味著流動資產占用的高成本的長期資金越多，或者流動資產存在冗餘，股東承擔的融資費用和資產效率損失就越大。因此，這些比率多少比較恰當，債權人和股東會有不同的看法。

動態償債能力指標主要包括現金流量比率和流動負債保障倍數。動態償債能力指標將企業當期營運取得的資金與期末債務本息進行比較，比率值越大，企業越安全。而且營運取得的資金越多，企業經營的質量也就越高。無論是債權人還是股東，都希望這些比率越高越好。

一、流動比率

流動比率（Current Ratio）是指企業流動資產與流動負債的比值，反應了在分析時點上企業流動資產覆蓋流動負債的程度。

$$流動比率 = \frac{流動資產}{流動負債} \qquad (4-1)$$

該比率認為，由於流動資產與流動負債在期間上具有一致性，因此流動資產變現後能夠直接構成償還流動負債的資金來源。流動資產越多，償還流動負債就越有保障。由於指標計算簡易、數據取得方便，並且易於理解，債權人尤其是短期債務的債權人非常看重該指標數據所顯示的償債能力。

指標計算要點：

關注流動資產的變現能力。即便擁有相同的流動比率，不同企業或不同時期流動資產的變現性也會導致實際償債能力的不同。現金是否被凍結、存貨價值中是否剔除了跌價貶值金額、應收帳款和其他應收款是否能夠按預期金額回收等都會影響流動比率所反應的償債能力。因此，在計算流動比率的過程中，必要時應進一步分析分子上的資產質量，根據資產是否能夠正常變現，將存在變現限制的資產從指標計算中剔除，使計算的流動比率能夠反應真實的償債能力。

項目四　償債能力分析

指標分析要點：

（1）結合動態償債能力的相關指標分析。

對於持續經營的企業，其流動負債的償還並非完全依靠流動資產變賣的現金，而是依靠流動資產循環使用產生持續不斷的現金流量進行歸還的。流動資產價值高的企業，其償債能力不一定好於資產利用效率高的企業。

例如，甲企業流動比率為2，乙企業流動比率為1，但是，甲企業每1元錢的流動資產能產生2元錢的銷售收入，而乙企業每1元錢的流動資產能產生6元錢的銷售收入，哪個企業償還到期債務的能力更強呢？我們可以看到，甲企業流動資產創造的銷售收入是流動負債的4倍，而乙企業流動資產帶來的銷售收入是流動負債的6倍，在動態過程中，乙企業償還流動負債的可用資金可能更為充足。

（2）考慮利益相關者定位差異。

不同立場的分析者對流動比率所體現的償債能力強弱持有不同的態度。從債權人的角度看，流動比率越大，企業償還短期債務的保障越高。但是，從股東的角度看，流動比率高，說明企業流動資產占用了更多較高資金成本的長期資金，過高的流動比率將導致資金成本的上升。

（3）重視行業和戰略差異。

流動比率的比較標準因行業、企業戰略等的不同而有很大的差異，對目標企業流動比率指標的評價需要考慮這些因素，並沒有絕對標準的比率值。傳統上所認為的流動比率的最佳值為2，是美國20世紀60年代製造業的標準比率，不宜不加思考地使用在當今的企業財務分析上。通常而言，營業週期短的行業流動資產轉換為現金的速度快，流動比率相對較低，如表4-1中的零售業；營業週期長的行業流動資產轉換為現金的速度慢，相應的資金來源中長期資金的比重要高一些，短期負債相對少一些，流動比率相對較高，如表4-1中的房地產開發行業；資產具有良好抵押能力的企業，或與銀行關係密切的企業，短期借款相對較多，也可能導致其流動比率相對較低，如表4-1中的普通鋼鐵行業。同樣，企業戰略或商業模式差異也可能造成同一行業內企業的流動比率差異。例如，一些採用將全部生產過程外包的企業，其流動比率相對較低。

表4-1 不同行業的流動比率中位數

行為	2009年	2010年	2011年
零售業	0.87	0.92	1.03
普通鋼鐵	0.79	0.89	0.90
石油加工	1.06	0.91	1.04
白色家電	1.40	1.52	1.83
照明	2.33	2.18	3.97
化學制藥	1.43	1.60	1.93
白酒	1.72	1.87	1.73
房地產開發	1.89	1.83	1.78

資料來源：根據Wind中國上市公司數據庫數據整理計算得出

二、速動比率

速動比率（Quick Ratio）是指企業速動資產與流動負債的比值，體現了企業變現能力強的資產覆蓋流動負債的程度。

$$速動比率 = \frac{速動資產}{流動負債} \qquad (4-2)$$

速動資產由現金和能夠迅速轉化成現金的流動性資產構成，後者包括交易性金融資產、應收帳款、應收票據等金融資產。企業存貨變現過程需要經過一個銷售環節，這個環節中存在的變數非常多，包括存貨品質如何、計價是否準確、銷售是否順暢等，因此，存貨不是速動資產。除此之外，預付帳款等不易變現的資產不是速動資產。速動比率比流動比率更強調企業的即時變現能力。

指標計算要點：

關注速動資產的變現能力。與流動比率的計算問題類似，速動比率計算中使用的速動資產並不一定具有良好的變現能力，如應收帳款、其他應收款存在壞帳的可能性、銀行存款存在凍結等。如果企業沒有充分估計這類損失或變現受限情況，計算使用的速動資產就可能並不速動。為此，在計算速動比率時，應考慮各項速動資產的真實變現能力，必要時予以調整。

指標分析要點：

與流動比率分析類似，速動比率的分析也需要結合動態償債能力的相關指標進行

分析，同時也要考慮利益相關者分析定位的差異，並關注企業所在行業和執行戰略的影響。西方經驗通常認為速動比率的最佳值為1，但是，與流動比率的分析類似，判斷速動比率是否恰當，需要考慮企業的行業特徵、戰略意圖、資產特點以及資產週轉性等因素。例如，某些企業由於銷售模式特點，導致其僅有很少的應收帳款，速動比率顯得非常低，卻不能輕易得出償債能力存在問題的結論。

三、現金比率

現金比率（Cash Ratio）是指企業現金類資產與流動負債的比率。企業現金類資產包括貨幣資金、交易性金融資產等能夠立即用於還債的資產。

$$現金比率 = \frac{現金類資產}{流動負債} \tag{4-3}$$

現金比率比速動比率更穩健地反應了企業即時償還流動負債的能力。該比率未考慮企業具備變現能力的其他流動資產。因此，該比率是考察企業立即變現能力的指標。

四、現金流量比率

現金流量比率（Operating Cash Flow Ratio）是指企業一定時期內經營活動現金流量淨額與流動負債的比率。現金流量比率值越高，說明企業償還短期債務的能力越強。

$$現金流量比率 = \frac{經營活動現金流量淨額}{流動負債} \tag{4-4}$$

現金流量比率從企業經營創造現金流量的角度分析企業償還流動負債的能力。與靜態償債能力指標不同，它考慮了企業資金週轉的速度和實際的變現能力。此處的現金流量是指經營活動現金流量淨額，用它與流動負債相比，顯示企業進行流動資產投資後，用剩餘現金流償還短期債務的能力。這個過程更貼近企業在持續經營過程中償債的實際情況，因此，自現金流量表創建以來，該比率便成為分析企業短期償債能力的又一個重要指標。

指標計算要點：

分子與分母的時期匹配。現金流量比率的分母是企業資產負債表上的期末流動負債，而分子通常採用當期現金流量表的經營活動現金流量淨額。從償債的實際情況來看，由於期末流動負債需要下期償還，償還這些負債的現金流量也應該是下期產生的，該比率使用本期現金流量淨額對應下期償還的債務，除了數據獲取方面的原因之外，

實際還隱含這樣的假設：預期企業下期的經營狀況與本期基本相同。

五、流動負債保障倍數

流動負債保障倍數是指企業息稅折舊攤銷前利潤與企業流動負債的比值。

$$流動負債保障倍數 = \frac{息稅折舊攤銷前利潤}{流動負債} \qquad (4-5)$$

該比率從債權人的視角來看待企業的動態償債能力。息稅折舊攤銷前利潤（EBITDA）是企業不追加任何流動資產投資，不更新長期資產情況下的現金流，是極端情況下企業償還債務的可使用資金，它與經營活動現金流量淨額很接近，只是不考慮企業對流動資產的追加投資。流動負債保障倍數是信用評級機構評價企業短期償債能力的一個常用指標。

指標計算要點：

（1）注意下期償還的其他負債。

該指標的分母有不同的選擇，最簡單的是使用期末的流動負債餘額。但是有的分析者認為，不僅應該考慮期末流動負債，而且應該考慮下期利息費用以及一年內到期的非流動負債（如果它沒有在流動負債中反應的話）。這些都是在本期資產負債表上沒有考慮的、應在下期償還的負債。

（2）息稅折舊攤銷前利潤的計算起點。

一些分析者認為，淨利潤中包含了不具持續性或不可預測的一些損益，而要評價企業的償債能力，息稅折舊攤銷前利潤應該是企業可持續得到的或可預測的。因此建議以營業利潤為計算起點，在此基礎上計算出息稅折舊攤銷前利潤的數值。本書也是採用了這一觀點。

（3）息稅折舊攤銷前利潤的數據來源。

企業財務報表主表上沒有利息費用和折舊攤銷的金額，分析者需要從財務報表附註中有關財務費用的附註中查找利息支出；從財務報表附註的現金流量表補充資料中查找固定資產折舊、無形資產攤銷以及長期待攤費用攤銷的金額。

項目四 償債能力分析

任務二　長期償債能力

　　長期償債能力既可以指企業償付長期債務的能力，也可以指企業在較長時期內償還債務的一種能力。

　　長期償債能力分析通常使用資產負債表上的資本結構數據構造財務比率，反應企業使用現有資源償還長期債務的能力。與流動比率等靜態短期償債能力指標類似，這類使用資產負債表數據計算的償債指標，從另一個角度來看也是反應企業資本結構的指標；採用利潤表或現金流量表數據構造的長期償債能力比率，則比較單純地反應企業在長期內滿足債務支付的能力。

一、資產負債率

　　資產負債率（Debt Ratio）是指企業全部負債與全部資產的比值，是體現企業長期償債能力的一個重要指標。

$$資產負債率 = \frac{負債總額}{資產總額} \times 100\% \qquad (4-6)$$

　　該比率是對企業總體負債狀況的一種度量，反應了企業在較長時期內償還債務的能力。分子中的負債既包括企業的非流動負債，也包括企業的流動負債。包括流動負債的理由是，儘管企業流動負債中的單個負債都是在短期內歸還，但是從流動負債整體看，通過不斷的借貸進行更新的流動負債，實際上是企業長期存在的負債。

　　指標分析要點：

　　（1）分子分母的細節分析。

　　該比率更多的是從債權人的角度理解企業的長期償債能力，它考慮貸款是否有足夠的資產做抵押，或在清算時是否能夠得到足夠的資產保證（債權人在清算時有優先權）。該指標值越小，債權人的債權就越有保障。如果進一步分析這種保障，還需要鑑別企業資產的品質和實際價值，以及企業負債的真實性，這一點將在下一節進行討論。

（2）考慮行業和戰略差異。

通常而言，資產負債率越高，企業的償債能力越會受到質疑。但是，由於行業特徵不同，導致企業存在資產結構差異、營業槓桿差異等，從而使得不同行業的企業該指標差異較大，在表4-2中，白酒行業與鋼鐵行業在固定資產比重方面差異巨大，導致兩者具有不同的資產負債率。企業選擇戰略的差異、企業的發展階段等，也會導致資產負債率差異。因此運用該指標評價企業的償債能力，需要瞭解企業相關的行業背景。

表4-2　不同行業的資產負債率中位數比較

行業	2009年	2010年	2011年
零售業	61.17	61.13	59.25
普通鋼鐵	64.90	66.81	65.75
石油加工	57.35	54.06	52.89
白色家電	54.36	52.60	37.50
照明	37.14	30.00	22.39
化學製藥	42.80	40.59	36.15
白酒	36.84	40.21	37.87
房地產開發	62.76	64.65	65.04

資料來源：根據Wind中國上市公司數據庫數據整理計算得出

二、有息資本比率

有息資本比率是指企業使用商業信用以外的有息負債占所有要求直接回報的資金的比重。

$$有息資本比率 = \frac{帶息的流動負債+帶息的長期負債}{帶息的流動負債+帶息的長期負債+股東權益} \times 100\% \quad (4-7)$$

有息負債是企業從金融市場取得的負債融資，有別於商業信用負債，金融負債存在定期或定額的利息要求，並且本息償還受到明顯的法律約束，企業違約將付出高昂的代價。有息資本比率體現了企業利用這類金融負債的能力和風險。

指標計算要點：

有息負債的內容。帶息的流動負債是指短期借款、短期融資券、交易性金融負債等，還包括一年內到期的有息長期負債；帶息的長期負債是指帶息的長期借款、企業

債券或公司債券、融資租賃的長期應付款等。指標中不包括所有的應付票據。

三、長期資本負債率

長期資本負債率是指企業長期債務與長期資本的比率，在實務界也稱為長期資本化比率。

$$長期資本負債率 = \frac{長期負債}{長期負債+股東權益} \times 100\% \qquad (4-8)$$

長期負債在報表上體現為非流動負債項目。

四、償債保障比率

償債保障比率也稱現金流量債務比，是指企業經營活動現金流量淨額與負債總額的比率。

$$償債保障比率 = \frac{經營活動現金流量淨額}{負債總額} \qquad (4-9)$$

這是一個從企業持續經營的動態角度看待長期償債能力的指標。在企業持續經營的前提下，考慮到企業的資產週轉使用效率，每個企業可用於償還債務的資金應該是動態的經營活動現金流量淨額。指標計算中使用的是本期經營活動現金流量淨額，暗含假設企業償債期的經營活動現金流量淨額與本期相同。通常認為，該比率在 0.2 左右比較合適。

五、利息保障倍數

利息保障倍數（Interest Coverage Ratio）也稱已獲利息倍數（Earnings Coverage Ratio），是指企業息稅前利潤與同期利息費用的比率，反應了企業使用獲利償付利息費用的保障程度。

$$利息保障倍數 = \frac{息稅前利潤}{利息費用} = \frac{稅前利潤+利息費用}{利息費用} \qquad (4-10)$$

該比率認為，息稅前利潤是企業資本保全後為所有投資者創造的利潤，只要企業

的息稅前利潤大於0，就說明企業已用營業收入支付所有已耗費的本金支出，包括對債權人債務本金的保證，因此超額部分可償付本金之外的投資回報。支付政府所得稅和股東紅利之前，所有的息稅前利潤都可優先支付債權人利息。息稅前利潤超過利息費用的倍數越大，說明債權人獲得利息的保證程度越高，企業的償債能力越強。

指標計算要點：

（1）息稅前利潤應具有可持續性。

該比率必須具有預測力才能用於評價企業的償債能力，因此，分子中的息稅前利潤最好採用營業利潤，不包括利潤表中的營業外收支等偶然性利得損失。即，息稅前利潤＝營業利潤+利息費用。

（2）分析取得利息費用數據。

該比率中使用的利息費用在中國的利潤表中沒有獨立的欄目，因此需要從「財務費用」項目的報表附註中取得利息費用的數據，在該附註中顯示為「利息支出」。

六、現金利息倍數

現金利息倍數是指企業經營活動現金流量淨額與企業同期使用現金支付的利息支出的比值。

$$現金利息倍數 = \frac{經營活動現金流量淨額}{現金利息支出} \qquad (4-11)$$

從企業持續經營和負債長期存在的角度看，在長期內，權責發生制下確認的利息費用與收付實現制下確認的利息支出金額大體一致，因此利息保障倍數應該能體現企業在償還本金基礎上支付利息的能力。但是，有些分析者更希望瞭解企業當前支付利息的能力，因此他們選擇使用經營活動現金流量淨額支付現金利息的倍數來表示企業的償債能力。

指標計算要點：

關於指標中現金利息支出的數據來源。現有財務報表中沒有現金利息支出的直接數據，需要通過相關報表項目推算現金利息支出的金額。現金流量表的籌資活動現金流出欄目中有「分配股利、利潤或償還利息支付的現金」項目，同時，報表附註中有企業當年分配股利的說明，計算現金利息支出時，將這兩項金額相減，可以得出現金利息支出的金額。

項目四 償債能力分析

任務三 償債能力分析的其他問題

分析企業的償債能力不能停留在指標高低的計算上，除了償債能力指標，企業財務報表相關項目與實際情況間存在的差異、報表外影響償債能力的因素、企業戰略等，都會影響企業的償債能力。

一、資產估值與償債能力

由於會計準則允許企業管理者選擇某一會計政策確定企業資產的帳面價值，因此，不同的企業，或者同一個企業在不同的時期，企業資產的帳面價值與真實價值之間可能存在差異。例如，企業根據會計準則，企業存貨應針對可能的減值計提資產減值準備，但並不對價格的上漲進行帳面價值調整。如果企業持有價格已經上漲超過帳面價值的存貨，資產實際價值就高於帳面價值。企業的固定資產也很可能由於歷史價格遠遠低於重置價格，而使實際價值遠高於帳面價值，此類資產升值在會計報表上並無反應。如果分析者能夠清晰地看到這些資產市價與帳面價值的差異，就可以按其實際價值調整分析企業的償債能力。

同理，企業的應收帳款、存貨、固定資產等也會因為會計計量的原因產生帳面高估的問題。例如，管理者少計資產減值準備，由此產生企業資產價值偏高、當期利潤偏高等問題。資產實際價值低於帳面價值，導致與資產價值、利潤有關的償債能力比率，如流動比率、資產負債率、利息保障倍數等受到影響，企業實際的償債能力低於這些指標顯示的償債能力。分析資產的實際價值與帳面價值之間的差異，對於正確分析企業的償債能力非常重要。

二、潛在債務或潛在償債能力的影響

企業財務報表中的數據揭示了企業顯性的資產和顯性的債務，然而，由於會計確認計

量的原因，企業還可能存在無法用報表欄目反應的資產和負債。表外資產可提升企業的償債能力，表外負債則可加大企業債務的負擔。因此，基於企業財務報表數據進行的償債能力分析，需要充分考慮這些表外資產和表外負債的影響，對相關結論做進一步分析、調整。

1. 或有負債

或有負債是指過去的交易或事項形成的潛在義務，其存在須通過未來不確定事項的發生或不發生予以證實。或有負債發生的可能性尚未確定，因此不能列入企業報表的負債項目。但是，當條件發生改變，未來事項發生的時候，或有負債就可能變成企業真實的債務負擔，因此分析者應該隨時關注。例如，企業作為其他企業的大額債務擔保人時，擔保企業的債權人應該特別關注該項債務擔保，因為當被擔保企業出現償債困難的跡象時，擔保企業的擔保責任就可能變成真實的債務。同樣的情況還有諸如因企業捲入訴訟而產生的未決賠償義務等。

2. 表外負債

一些企業存在按照會計準則的要求無需在會計報表中披露的負債，比如企業的經營租賃、衍生金融工具引發的金融負債等。按照會計準則，企業的經營租賃費用列入當期的損益，企業未來需要支付的租金不確認為負債。當企業的租賃規模較大，租賃期較長，甚至有一些企業有意將屬於融資租賃的業務劃分為經營租賃業務時，就會產生相當大的一部分表外負債，增加企業的債務負擔。在分析企業的償債能力的時候對於這類經營租賃的影響要特別關注。

3. 潛在的償債能力

企業如果持有尚未使用的銀行授信額度，可以隨時從銀行取得額度內的借款，對於已有的債權人而言，將是償債的一種保障。

三、企業外部環境條件對償債能力的影響

對企業償債能力的判斷不僅僅限於使用財務報表或企業財務報告信息，在決定是否對企業提供重大債務之前，還應對企業財務報告之外的其他信息進行收集、整理和評價，這些信息通常是定性的，但是其重要性卻不遜於企業財務報告中的定量信息。

1. 宏觀環境及其變化對償債能力的影響

企業面對的宏觀環境包括國家經濟運行狀況、金融環境和金融制度的狀況及其變

化、經濟形勢和經濟週期對本行業的潛在影響等，這些宏觀環境的狀況及其變化，往往會對企業未來償債現金流的生成和變化造成潛在的影響。國家宏觀調控通常會直接改變企業面對的融資市場狀況，導致企業融資難易程度發生改變，進而影響企業的資金運轉和未來的償債現金流。

2. 行業環境及其變化對償債能力的影響

企業所在行業的競爭狀況及其改變，會對企業的產品定價、原材料成本等產生影響，從而影響企業未來產生現金流的穩定性。例如，國家對某個行業的政策扶植，一方面可能會使企業得到相關的稅收優惠、財政補貼等，增加產品定價的競爭力；但是，另一方面，政策的扶植還可能會吸引更多的投資，加速該行業的企業進入，加劇產品競爭，在產品差異化不明顯的情況下，產品價格可能急遽下降，企業很可能陷入低價競爭的不利局面。分析企業所在行業的競爭變化，以及企業在其中的競爭地位，對於預測企業未來用於償債的現金流走勢、分析企業的長期償債能力是非常重要的。

3. 企業外部支持對償債能力的影響

除了考察與企業資產、負債、現金流等相關的償債能力外，債權人還應當對企業外部可能給予企業的償債支持進行調查和判斷。例如，企業在大股東的投資佈局中所占的地位。雖然大股東不一定會給予子公司債務擔保，但是當子公司在大股東的投資佈局中佔有重要地位的時候，大股東無疑會從資金的供給等方面帶給子公司可能的償債保證。

企業與政府的關係、企業與銀行的關係，也同樣會影響企業在面臨債務問題時是否能得到必要的償債保證。如果企業與政府或者銀行存在密切、良好的關係，無疑能夠在關鍵時刻提高企業的償債能力。

復習思考

1. 判斷企業償債能力的強弱應該從哪些方面進行分析？
2. 利潤表數據體現的償債能力與現金流量表數據體現的償債能力是否存在區別？
3. 供貨商和債權人對於企業償債能力分析的著重點是否相同？你認為他們應該分別關注哪些指標？為什麼？

項目五　盈利能力分析

學習目標

1. 掌握盈利能力分析指標的計算方法。
2. 理解各個盈利能力指標計算中的數據選擇。
3. 理解各個盈利能力指標分析的影響因素。
4. 運用盈利能力分析指標判斷盈利能力。

企業的盈利能力也稱獲利能力，是指企業為資金提供者創造收益的能力。對企業的盈利能力可以從三個不同的角度進行分析，詮釋業務或資金投入等獲得盈利的能力：

一是業務獲利能力，指企業在經營活動中平均每1元銷售收入創造收益的能力；

二是資產獲利能力，指企業用投資者投入企業的每1元資金創造收益的能力；

三是市場獲利能力，指企業投資者在資本市場上的每1元投資創造收益的能力。

因此，可以從不同的角度出發為判斷企業的盈利能力設計相應的分析指標。它們分別是：

（1）根據業務量與收益構造的業務獲利能力指標；

（2）根據企業資產與收益構造的資產獲利能力指標；

（3）根據金融市場投資者投資與其收益構造的市場獲利能力指標。

在三個角度的盈利能力分析中，針對分析的業務量或資金投入，各自有不同口徑的利潤概念與之匹配，以便能夠在經濟含義和因果關係上體現出業務或資金投入與收

益之間的關聯關係。

（1）根據企業所有業務產生淨利潤的順序，分為銷售毛利、營業利潤、息稅前利潤和淨利潤。

（2）根據企業產生利潤的業務性質，分為經營活動產生的經營利潤和企業全部活動產生的利潤。

對應於不同的分析目的，構建盈利能力分析指標時將選取不同的盈利能力分析角度和收益口徑。

任務一　業務獲利能力

將企業營業收入與各環節獲利水平分別比較，可形成不同的業務獲利指標，具體包括：銷售毛利率、銷售利潤率和銷售淨利率。儘管目前中國的會計準則將原來的銷售收入改為更廣義的營業收入一詞，但是在業務獲利能力指標的名稱上，依舊約定俗成地使用了銷售的概念。

一、銷售毛利率

銷售毛利是營業收入超過營業成本的金額，銷售毛利率（Gross Profit margin）體現了企業因產品盈利特點創造收益的能力。

$$銷售毛利率 = \frac{銷售毛利}{營業收入} \times 100\% = \frac{營業收入 - 營業成本}{營業收入} \times 100\%$$

銷售毛利率高，說明單位產品獲利能力強；銷售毛利率低，說明單位產品獲利能力弱。

指標分析要點：

（1）關注產品的行業特點。

不同行業的產品具有不同的銷售毛利率。例如，要求高技術、高智力的行業，其產品具有較高的銷售毛利率，以支撐高技術、高智力所需的較高的研發費用、人力資

源成本等，最終維持企業較為合理的行業利潤率。同樣，某些行業產品生產成本較低，但流通過程需要大量耗費，則產品的銷售毛利率通常也會較高；而產品差異小、市場競爭激烈的行業，則容易因產品價格競爭而導致較低的銷售毛利率，如普通鋼鐵不同行業產品在銷售已利率比較如表 5-1 所示。

表 5-1 不同行業產品的銷售毛利率比較

行業	2009 年	2010 年	2011 年
零售業	20.36	19.87	20.21
普通鋼鐵	6.25	7.14	6.58
石油加工	17.51	12.92	11.04
白色家電	24.73	23.38	21.07
照明	26.10	26.45	27.42
化學制藥	35.75	37.70	37.63
白酒	60.81	56.31	66.12
房地產開發	35.98	38.37	38.10

數據來源：根據 Wind 數據庫整理計算得出

(2) 關注企業的戰略。

企業戰略也是導致同一行業不同企業具有不同銷售毛利率的重要原因。例如，成功地定位於產品領先戰略的企業，其產品通常具有更高的毛利率；而定位於低產品戰略的企業，其產品毛利率通常較低。

低毛利本身也可能是企業的一種行銷策略，通過低價搶奪市場份額，形成對供應商的控製，實現產品銷售量的最大化。

企業出售低毛利的產品線、改變自製產品為外包等經營策略的改變，也都會引起企業銷售毛利率的顯著變化。

(3) 銷售毛利變動的其他原因。

企業銷售毛利變動還可能是由產品生產銷售流程中的成本和價格變動引起的，如原材料的價格變動、生產過程中的成本控製、銷售價格降低，或企業擴大高毛利產品的生產和銷售比重等。

二、銷售利潤率

銷售利潤率（Return on Sales）反應的是在不考慮所得稅政策和偶然因素影響的情

項目五　盈利能力分析

況下，企業通過經營活動為股東創造收益的能力。

$$銷售利潤率 = \frac{營業利潤}{營業收入} \times 100\%$$

通常而言，企業的銷售利潤率越高，說明企業的產品或服務產生收入的能力越強，企業的成本費用控製得越好。

指標計算要點：

分子不包括營業外收支。銷售利潤率強調企業持續的收益，因此，分子上的營業利潤使用企業財務報表上的營業利潤金額，不包括企業的營業外收支，體現了其對企業持續業務獲利能力的關注。

指標分析要點：

一般情況下，銷售利潤率的高低可反應企業成本費用控製好壞的綜合效果。但是，應該辯證看待成本費用對銷售利潤率的影響。企業的成本費用增加，一種可能是成本費用管理出現問題，另一種可能是企業在進行某種經營戰略或策略的改變。例如，企業的研發費用增加，意味著產品的未來競爭力提高，某一期研發力度加大導致費用增長、銷售利潤率下降，在未來則可能帶來營業收入的高增長；而企業廣告費用的增加，同樣可能意味著企業未來營業收入的增長。因此，分析的時候不能簡單地對銷售利潤率的提高或降低下結論，需要全面考慮企業業務、戰略的變化。

三、銷售淨利率

銷售淨利率（Net Profit Margin）反應的是企業通過經營活動取得最終盈利的能力，體現了經營活動為股東獲取稅後利潤的能力。

$$銷售淨利率 = \frac{淨利潤}{營業收入} \times 100\%$$

通常而言，銷售淨利率越高，企業的產品或服務帶來最終利潤的能力越強。

指標分析要點：

（1）辯證看待成本費用的影響。

與銷售利潤率指標相比，銷售淨利率更多地考慮了所得稅的影響，體現了經營業務為股東創造利潤的能力。該指標越高，說明企業的產品或服務為股東創造利潤的能力越強。但是，與銷售毛利率和銷售利潤率一樣，該比率在一定程度上受產品特徵、行業競爭程度和企業戰略的影響。競爭激烈的行業，產品獲利能力有限，該指標值普

遍較低，企業需要通過更強的資產管理能力來提高股東最終的收益。

（2）關注營業外收支的影響。

該比率的分子淨利潤包括偶然性或不具可持續性的損益，如果要更準確地判斷企業經營活動創造可持續利潤的能力，可將這些損益從分子中剔除。

任務二　資產獲利能力

資產獲利能力是投資者在企業中所投資金產生收益的能力。根據資產產生利潤的不同層次的因果關係，資產獲利能力指標分為：總資產報酬率和股東權益報酬率。

一、總資產報酬率

總資產報酬率（Return on Assets，ROA）反應企業利用全部資金為股東創造收益的效率。該指標計算公式如下：

$$總資產報酬率 = \frac{淨利潤}{資產平均總額} \times 100\%$$

總資產報酬率越高，說明企業利用全部資金為股東創造收益的能力越強。

指標計算要點：

淨利潤的持續性。企業財務報表中的淨利潤包含企業經營活動、企業金融資產投資、營業外收支等所有活動對股東收益產生的影響。當分析目的是對歷史績效的評價時，所有這些活動及其影響都應予以考慮；但是當分析目的是服務於預測企業未來獲利能力時，該指標中的偶然性損益和不可預測的損益就應該剔除，如偶然性的火災損失、政府短期內的稅收返還、金融損益等。

指標分析要點：

總資產報酬率的分解。總資產報酬率體現的是公司為股東獲取利潤的能力，可通過進一步分解，找出這種能力產生與變化的具體原因。

$$總資產報酬率 = 銷售淨利率 \times 總資產週轉率$$

總資產報酬率的分解表明，企業投資產生利潤有兩個關鍵因素：產品的獲利能力和企業資產管理的效率。因此，對總資產報酬率的分析，重點是這兩個關鍵因素的分解分析。

在實務中，有分析者認為總資產報酬率的分子和分母不匹配，因此提出了另外一個計算總資產報酬率的公式：

$$總資產報酬率 = \frac{息稅前利潤}{資產平均總額} \times 100\%$$

該公式的分子採用息稅前利潤，體現企業使用所有資產為包括債權人在內的所有投資者創造收益的能力。

以淨利潤為分子的總資產報酬率指標為實務中常用的指標，並且是後面綜合分析中杜邦分析體系的重要指標。因此如無特別說明，本教材使用以淨利潤為分子的總資產報酬率指標。

二、股東權益報酬率

股東權益報酬率（Return on Equity，ROE）也稱淨資產收益率，反應企業為股東創造投資回報的能力。股東權益報酬率通常的計算公式為：

$$股東權益報酬率 = \frac{淨利潤}{平均股東權益} \times 100\%$$

股東權益報酬率計算中使用的淨利潤，考慮了企業所有決策的影響，包括企業經營投資決策、金融投資決策、融資決策等，甚至還考慮了企業的偶然事件的影響，全面、綜合地體現了企業為股東創造投資回報的能力。股東權益報酬率越高，企業為股東創造的投資回報越多。

指標計算要點：

1. 必要時考慮其他綜合收益。

股東權益報酬率的分子一般採用企業利潤表上的淨利潤數值。但是，如果要分析企業股東權益回報的完整情況，還應考慮直接計入資本公積的其他綜合收益，如可供出售金融資產公允價值變動淨額，這些也是股東在當期獲得的未在當期確認的損益。因此也可以採用利潤表上包括其他綜合收益在內的綜合收益數據作為分子。

2. 必要時扣除非經常性損益的影響

如果分析股東權益報酬率的目的在於對未來進行預測，那麼分析企業具有的持續性的報酬率更有價值。分析者可對企業各項損益是否具有持續性、重複性、可預測性進行判斷，將非經常性損益從分子中扣除。中國證監會規定以下項目為非經常性損益。[②]

(1) 非流動性資產處置損益，包括已計提資產減值準備的衝銷部分；

(2) 越權審批，或無正式批准文件，或偶發性的稅收返還、減免；

(3) 計入當期損益的政府補助，但與公司正常經營業務密切相關，符合國家政策規定、按照一定標準定額或定量持續享受的政府補助除外；

(4) 計入當期損益的對非金融企業收取的資金占用費；

(5) 企業取得子公司、聯營企業及合營企業的投資成本小於取得投資時應享有被投資單位可辨認淨資產公允價值產生的收益；

(6) 非貨幣性資產交換損益；

(7) 委託他人投資或管理資產的損益；

(8) 因不可抗力因素，如遭受自然災害而計提的各項資產減值準備；

(9) 債務重組損益；

(10) 企業重組費用。如安置職工的支出、整合費用等；

(11) 交易價格顯失公允的交易產生的超過公允價值部分的損益；

(12) 同一控制下企業合併產生的子公司期初至合併日的當期淨損益；

(13) 與公司正常經營業務無關的或有事項產生的損益；

(14) 除同公司正常經營業務相關的有效套期保值業務外，持有交易性金融資產、交易性金融負債產生的公允價值變動損益，以及處置交易性金融資產、交易性金融負債和可供出售金融資產取得的投資收益；

(15) 單獨進行減值測試的應收款項減值準備轉回；

(16) 對外委託貸款取得的損益；

(17) 採用公允價值模式進行後續計量的投資性房地產公允價值變動產生的損益；

[①] 以下對非經常性損益、少數股東權益、加權平均股東權益的計算要求，見中國證監會《公開發行證券的公司信息披露編報規則第9號——淨資產收益率和每股收益的計算及披露》。

[②] 中國證監會《公開發行證券的公司信息披露規範問答第1號——非經常性損益（2008年修訂）》。

項目五　盈利能力分析

(18) 根據稅收、會計等法律、法規的要求對當期損益進行一次性調整對當期損益的影響；

(19) 受託經營取得的託管費收入等。

有關企業非經常性損益的具體項目和金額，可以從企業財務報表附註中獲得。

3. 必要時扣除少數股東權益的影響

由於股東權益報酬率的分析對象是合併公司中母公司股東取得回報的情況，當企業合併報表上存在少數股東權益時，該指標的分子和分母最好選取歸屬母公司股東的淨利潤和歸屬母公司的股東權益數據。這兩個數據可以在企業的利潤表和資產負債表上分別取得。如果少數股東權益以及歸屬少數股東的淨利潤數額很小，則可忽略其影響。

4. 必要時增加計算加權平均股東權益

通常情況下，企業股東權益會因會計年度內不斷取得利潤而逐漸增加，因此將股東權益的年初值和年末值進行平均是合理的。但是，如果上市公司在分析期間增發股票，或者大額分配現金紅利，這種平均方法就會產生很大的誤差。例如，年初增發與年末增發相比，年初增發的公司顯然占用了更長時間的新股投入，如果使用年初年末平均，會抹殺這兩者在年度內實際使用投資額的差異。更為精確的計算方法是按照企業實際使用不同數額股東資金的期限進行加權平均：

$$\begin{aligned}\text{加權平均股東權益} = &\text{期初股東權益} + \frac{\text{淨利潤}}{2} \\ &+ \text{發行新股或債轉股等新增的股東權益} \times \frac{12-\text{發行月份或新增股份月份}}{12} \\ &- \text{回收股份或現金分紅減少的股東權益} \times \frac{12-\text{回購或分紅月份}}{12} \\ &\pm \text{其他事項引起的股東權益變化} \times \frac{12-\text{其他事項發生的月份}}{12}\end{aligned}$$

任務三 市場獲利能力

企業投資獲利能力分析中,市場獲利能力比率是比較特別的一類。嚴格地說,除每股收益比率外,每股淨資產、市盈率、市淨率等並不直接表明投資的獲利能力,但是,卻受到企業獲利能力的影響,是證券市場的投資者依據企業獲利能力進行企業估值的重要工具。

一、每股收益

每股收益(Earning Per Share,EPS),也稱每股盈餘或每股利潤,是企業股東每持有一股權益所能獲得的利潤(或承擔的虧損)。通常其計算公式為:

$$每股收益 = \frac{淨利潤 - 優先股股利}{普通股平均股數}$$

在企業股份沒有變化的情況下,每股收益反應企業的盈利能力,每股收益增加,表明企業的盈利能力增強。每股收益增加越多,相對原有的市盈率,企業的股票價格就可能上升得越快。

指標計算要點:

每股收益的分析,關鍵看其是否反應了企業持久性收益能力變化,因此,該指標的分子和分母取值需要注意:

(1) 淨利潤的可持續性和可預測性。

一般情況下,該指標分子使用淨利潤數據(不含少數股東的淨利潤),但是,當企業淨利潤中包含大量偶然、一次性的非經常性損益時,更好的做法是使用扣除非經常性損益的淨利潤。

(2) 普通股平均股數的計算。

該指標的分母使用計算期發行在外的普通股平均股數,不包括企業的庫存股。由於企業發行在外的普通股數量變化在年內並非是均勻的,因此,當企業在期間內新發

項目五　盈利能力分析

或回購普通股時，應該按月甚至按天數計算加權平均股數：

$$發行在外普通股加權平均數 = 期初發行在外普通股股數 + 當期新發行普通股股數 \times \frac{已發行時間}{報告期時間} - 當期回購普通股股數 \times \frac{已回購時間}{報告期時間}$$

企業新增的股份如果是利潤分配轉增方式而來的，則不論轉增發生在哪個月份，對企業的所有者權益總額來說都沒有任何改變，因此，轉增的股份視同公司年初就存在的股本。

二、每股淨資產

每股淨資產（Net Assets Value Per Share，NAVPS）指標反應投資者持有的每一股權益在企業中對應的淨資產或股東權益的金額。企業的淨資產由股東投入和利潤累積形成，因此通常也將該指標列入有關盈利分析指標的類別。該指標的一般計算公式為：

$$每股淨資產 = \frac{期末股東權益}{期末普通股股數}$$

如果企業沒有增發，則每股淨資產反應了企業通過累積利潤擴大企業股東權益的規模。每股淨資產越高，企業累積利潤就越多，股東權益規模就越大。

指標計算要點：

（1）分子中不包括少數股東權益。

（2）分母是期末發行在外的普通股，不包括企業的庫存股。

三、市盈率

市盈率（Price to Earnings Ratio，P/E）是資本市場常用的一個重要指標，它反應了在某一時刻投資者對企業每1元盈利所願意支付的價格。

$$市盈率 = \frac{普通股每股市價}{每股收益}$$

市盈率的合理區間通常在10~20之間，但對市盈率的高低有很多種理解，投資者需要根據對企業的全面分析自行甄別其內在含義。另外，不同行業，市盈率差異極大。

指標計算要點：

在市盈率的計算中，每股收益的取值通常使用最近一期的企業的每股收益，但是，

財務報表分析

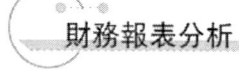

當企業公布了預測的盈餘，或者分析者通過分析已知企業的預計每股收益時，使用這種預計的每股收益作為分母計算出的市盈率，則更能夠顯示出股票市場定價的合理與否。

指標分析要點：

（1）市盈率反應投資者對企業前景的預期。

市盈率的分子是股票市價，因此，該比率體現了市場對企業為股東創造價值的能力的一種預期，影響市盈率高低的內在因素與這種預期有關，包括：預期股東權益報酬率的高低、預期未來經營收入的增長率、預期經營業務和財務的風險程度等。市盈率高的企業，說明市場上對該企業的未來增長有良好的預期，因此相比當下的收益，投資者願意支付更高的價格；反之，則投資者只願意支付較低的價格。

（2）市盈率分析的相對性。

對於同一行業，股權結構和產品類似的企業，分析者通常會進行市盈率比較，同一時期市盈率低的股票，可能是因為市場低估了其價值；反之，則認為其價值被高估。但是這樣的分析結果一定要關注影響市盈率的內在因素是否有差異，僅靠指標數值簡單地橫向比較，結論可靠性較差。

市盈率中的每股收益是根據企業財務報表計算的數據，但股票價格卻是市場上多種因素共同作用的結果，包括投資者的心理因素、制度環境等，因此，做市盈率分析時一定要考慮市場非理性因素的影響。

四、市淨率

市淨率（Price to Book Ratio，P/B）也稱市倍率，是股票的市場價格與企業股東權益帳面價值的比值。嚴格意義上講，該指標不是盈利性指標，而是股票估值的指標，但按慣例，該指標卻在盈利能力分析中講授。

$$市淨率 = \frac{每股市價}{每股淨資產}$$

市淨率越高，說明市場對企業的估值超過帳面價值越多。

指標分析要點：

（1）影響市淨率的根本因素。

影響企業市淨率高低的根本因素，是投資者所判斷的企業超過當前帳面價值為投資者創造超額利潤的能力。當預期未來股東權益報酬率只能等於股東的必要報酬率時，

股票市淨率為 1；當預期未來股東權益報酬率超過股東必要報酬率越多時，企業的利潤增長率就越高，則股票的市淨率高於 1 並且值就越大；反之，當預期未來股東權益報酬率低於股東必要報酬率時，股票市淨率小於 1。

（2）市淨率的相對性。

在市場上，如果影響一個企業的市淨率的根本因素沒有改變，市淨率卻變得過高或過低，則說明市場對該企業的估值可能偏高或偏低。投資者可以根據相同行業不同企業的市淨率高低判斷其中的某只股票價格是否存在高估或低估。

同樣，市場的非理性因素也會造成企業股票市價的過高或者過低，分析者選取比較對象進行比較時，要考慮市場的狀況，不能簡單地得出本只股票價值被低估或高估的結論。

復習思考

1. 分析企業的盈利能力時核心的獲利能力指標是什麼？

2. 有人說，銷售毛利率高的產品，很難維持較高的銷售利潤率；銷售淨利率高的企業，通常其資產週轉率會低於銷售淨利率低的企業。這種說法有道理嗎？

3. 以下事項是如何影響企業的銷售毛利率、銷售淨利率、總資產報酬率、股東權益報酬率的？

（1）企業改善物流系統，降低存貨採購的運輸費。

（2）企業加大研發力度，增加研發費用，新產品採用更高定價。

（3）企業所投資的交易性金融資產按照市價估值，損失 300 萬元。

（4）企業發行股票籌集資金，資金投入到完工投產還需要 1 年以上的時間。

（5）企業發行公司債 1,000 萬元，並很快發放現金股利 800 萬元。

財務報表分析

項目六　財務報表分析的基本方法

學習目標

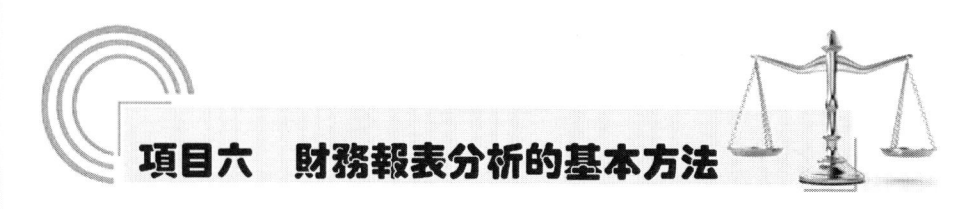

1. 瞭解財務報表分析方法的意義。
2. 明確財務報表分析中常見的幾種方法。
3. 掌握幾種具體的分析方法。
4. 理解各種分析方法之間的關係。

　　財務報表分析的方法是幫助進行財務報表分析的手段。由於分析的目標各不相同，因而在進行實際財務報表分析時，需要適應不同分析目標的要求，採用與分析目標的要求相適應的分析方法。通常，客觀全面的分析需要進行動態的系統分析。所謂動態分析，就是要將企業過去和目前的狀況與未來的發展聯繫起來，比較適合的分析方法是趨勢分析法；所謂系統的分析，就是要註重各事物之間的聯繫，常見的分析方法有比較分析法、比率分析法、趨勢分析法、因素和因子分析法、綜合分析法。

任務一　比較、比率和趨勢分析方法

　　報表原數是指可以從財務報表中直接獲得的、未經過任何加工的數據，以報表原數作為分析的對象，是一種最為簡單且直觀的分析視角，而結構和趨勢分析方法則又

項目六　財務報表分析的基本方法

從兩個另外的角度拓寬了財務報表分析的領域。通過對財務報表原數進行不同角度的加工，可以發掘出更多額外的財務信息，以更好地服務於財務報表分析過程。

一、比較分析法

比較分析法是財務分析中最常用的方法。比較分析法是通過指標對比，從數量上確定差異，並進一步分析原因的分析方法。可以進行本期的實際指標與前期的實際指標相比較、本期的實際指標與預期目標（如計劃指標、定額指標、標準值等）相比較、本期的實際指標與同類企業相同指標相比較，即對反應某方面情況的報表進行全面、綜合對比分析，常用的比較分析法主要包括水平分析法和垂直分析法。

1. 水平分析法

水平分析法是指將反應企業報告期財務狀況的信息（也就是會計報表信息資料）與反應企業前期或歷史某一時期財務狀況的信息進行對比，研究企業各項經營業績或財務狀況的發展變動情況的一種財務分析方法。水平分析法的要點是：將報表資料中不同時期的同項數據進行對比。對比的方式有以下幾種。

一是絕對值增減變動的計算。其公式為：

絕對值變動數量＝分析期某項指標實際數－基期同項指標實際數

二是增減變動率的計算。其公式為：

$$變動率 = \frac{變動絕對值}{基期實際數量} \times 100\%$$

水平分析法在不同企業應用中，要注意可比性。即使在同一企業應用，對於差異的評價也應考慮對比基礎。同時，應將兩種對比方式結合運用，不僅要運用變動量，還應結合運用變動率進行分析。

2. 垂直分析法

垂直分析法是通過計算報表中各項目占總體的比重或結構，反應報表中的項目與總體的關係情況及其變動情況。垂直分析法的一般步驟如下。

第一，確定報表中各項目占總額的比重或百分比。其計算公式為：

$$某項目的比重 = \frac{該項目金額}{各項目總金額} \times 100\%$$

第二，通過各項目的比重，分析各項目在企業經營中的重要性。一般項目比重越大，說明其重要程度越高，對總體的影響越大。

第三，將分析期各項目的比重與前期同項目比重對比，研究各項目的比重變動情況。

二、比率分析法

比率分析法是通過計算性質不同但又相關的指標的比率，並同標準相比較，揭示企業財力狀況的一種方法。由於它以相對數表示，可以揭示能力和水平，因而成為財務評價的重要依據。

比率指標主要有以下 3 類。

1. 構成比率

構成比率又稱結構比率，是某項經濟指標的各個組成部分與總體的比率，反應了部分與總體的關係。其計算公式為：

$$構成比率 = \frac{某個組成部分數值}{總體數值}$$

利用構成比率，可以考查總體中某個部分的形成和安排是否合理，以便協調各項財務活動。

2. 效率比率

效率比率是某項經濟活動中投入與產出的比率，反應了投入與產出的關係。利用效率比率，可以進行得失比較，考查經營成果，評價經濟效益。例如，將利潤項目與銷售成本、銷售收入、資本等項目加以對比，可以計算出成本利潤率、銷售利潤率、資本利潤率等利潤率指標，以便從不同角度觀察、比較企業獲利能力的高低及其增減變化情況。

3. 相關比率

相關比率是根據經濟活動客觀存在的相互依存、相互聯繫的關係，以某個項目同與其有關但又不同的項目加以對比所得的比率，反應了有關經濟活動的相互關係。利用相關比率指標，可以檢驗有聯繫的相關業務安排是否合理，以保障企業營運活動的順利進行。例如，利用流動資產與流動負債的比值，計算出流動比率，據此判斷企業的短期償債能力。

比率分析法的優點是計算簡便，計算結果容易判斷，而且可以使某些指標在不同規模的企業之間進行比較，甚至也能在一定程度上超越行業間的差異進行比較。但應注意以下幾點。

(1) 對比項目的相關性。計算比率的分子和分母必須具有相關性。在構成比率指

標中，部分指標必須是總體指標大系統中的一個小系統；在效率比率指標中，投入與產出必須有因果關係；在相關比率指標中，兩個對比指標也要有內在聯繫，才能評價有關經濟活動之間是否協調均衡，安排是否合理。

（2）對比口徑的一致性。計算比率的分子和分母必須在計算時間、範圍等方面保持口徑一致。

（3）衡量標準的科學性。需要選用一定的標準與之對比，以便對企業的財務狀況做出評價。通常而言，科學合理的對比標準有4類：第一，預定目標，如預算指標、設計指標、定額指標和理論指標等；第二，歷史標準，如上期實際、上年同期實際、歷史先進水平等；第三，行業標準，如主管部門或行業協會頒布的技術標準和國內外同類企業的先進水平、國內外同類企業的平均水平等；第四，公認標準。

三、趨勢分析法

趨勢分析法是根據企業連續幾年或幾個時期的分析資料，運用指數或完成率的計算，確定分析期各有關項目的變動情況和趨勢的一種財務分析方法。它的一般步驟如下。

第一，計算趨勢比率或指數。通常情況下，指數的計算有兩種方法：一是定基指數，二是環比指數。定基指數是各個時期的指數都以某一固定時期為基期來計算，環比指數是各個時期的指數以前一期為基期來計算。

第二，根據指數計算結果，評價與判斷企業各項變動趨勢及其合理性。

第三，預測未來的發展趨勢。根據企業以前各期的變動情況，研究其變動趨勢或規律，從而預測出企業未來發展變動情況。

任務二　因素和因子分析方法

如果說結構分析和趨勢分析提供了財務報表分析的兩種視角，那麼因素分析法和因子分析法則為尋找財務比率之間的關係提供了兩種不同的技術分析方法。

財務報表分析

因素分析法是建立在指標分解法的基礎之上，通過各指標之間的內在邏輯關係，強調各指標之間客觀存在的因果關係；而因子分析法則是利用統計分析方法、面對為數眾多的財務比率，通過相關性測試加以分類的方法。

一、因素分析法

1. 因素分析法的基本含義

因素分析法是指對某個經濟活動的總體進行因素分解，以確定影響該經濟活動總體的各種因素構成，並按一定的方法確定各構成因素的變動對該經濟活動總體的影響程度和影響方向的分析方法。

因素分析法是一種常用的定量分析方法，而財務報表因素分析方法，是在將一定的財務指標層層分解為若干個分項指標的基礎上，對該財務指標的各種影響因素的影響程度大小進行定量的分析。這種分析方法對於揭示和改進企業的財務狀況，以改善企業的生產經營過程，可以提供有益的幫助和參考。

2. 因素分析法的種類

因素分析法主要是就各分解因素對某一綜合指標的影響程度進行衡量，其在具體運用中，形成了多種具體的分析方法。

(1) 主次因素分析法。這種分析法也稱為 ABC 分析法，一般是根據各種因素在總體中的比重大小，依次區分為主要因素、次要因素、一般因素，然後抓住主要因素進行深入細緻地分析，以取得事半功倍的分析效果。

(2) 因果分析法。這種分析法主要是通過分層次的方法，分析、解釋引起某項經濟指標變化的各分項指標變化的原因，以最終說明總體指標的變化情況。例如，產品銷售收入的變化主要是受銷售數量和銷售價格變動等因素的影響，而銷售價格變動又受產品質量、等級等因素變動的影響。由此，可依次對收入變動、價格變動等原因進行分析，以最終揭示影響產品銷售收入變動的深層次原因。

(3) 平行影響法。這種分析法又稱因素分攤法，適用於分析、解釋引起某項經濟指標變化的各分項因素同時變動、平行影響的情況。平行影響法又可以進一步分為差額比例分攤法、變動幅度分攤法、平均分攤法等。

(4) 連環替代法。這種分析法是在通過對經濟指標的對比分析，以確定差異的基礎上，利用各個因素的順序替代變動，連續進行比較，從數量上測定各個因素對經濟

項目六 財務報表分析的基本方法

指標差異的影響程度的一種科學的因素分析方法。

3. 連環替代法

連環替代法是因素分析法的一種基本形式，其程序大致由以下幾個步驟組成。

（1）確定分析指標與其影響因素之間的關係。通常使用的方法是指標分解法，即將財務指標在計算公式的基礎上進行分解或擴展，從而得出各影響因素與分析指標之間的關係式。例如，對於總資產收益率指標，可以分解為：

總資產收益率 =（淨利潤÷平均資產總額）×100%

= （營業收入÷平均資產總額）×（淨利潤÷營業收入）×100%

= 總資產週轉率×銷售淨利率×100%

（2）排列各項因素的順序。一般遵循先數量後質量、先實物後價值、先主要後次要的原則。

（3）以基期（或計劃）指標為基礎，將各個因素的基期數按照順序依次以報告期（或實際）數來替代。每次替代一個因素，替代後的因素就保留報告期數。有幾個因素就替代幾次，並相應確定計算結果。

（4）比較各因素的替代結果，確定各因素對分析指標的影響程度。

例如，A公司與總資產週轉率的相關資料如表6-9所示。

表6-9　A公司關鍵財務指標

項目	2009年	2010年	差異
營業收入（元）	49,896,709	58,300,149	8,403,440
平均總資產（元）	18,924,089	28,729,179.5	9,805,090.5
平均流動資產（元）	15,393,210.5	23,692,245.5	8,299,035
總資產週轉率（次）	2.64	2.03	-0.61
流動資產週轉率（次）	3.24	2.46	-0.78
流動資產占總資產比重（%）	81.34	82.47	1.13

計算總資產週轉率並說明其變化的原因。

解：

總資產週轉率 =（營業收入÷平均資產總額）×100%

=（營業收入÷平均流動資產合計）×

（平均流動資產合計÷平均資產總額）×100%

= 流動資產週轉率×流動資產占總資產比重×100%

總資產週轉率的差異 = 2.03-2.64 = -0.61（次）

其中，流動資產週轉率的降低對總資產週轉率的影響為：

（2.46-3.24）×81.34% = -0.64（次）

流動資產比重的提升對總資產週轉率的影響為：

2.46×（82.47%-81.34%）= 0.03（次）

合計為：- 0.64 + 0.03 = -0.61（次）

說明 A 公司總資產週轉率的下降主要是由於流動資產週轉率的下降，因而該公司應加強對流動資產週轉率的管理。

因素分析法也是財務報表分析中常用的一種技術方法，它是指把整體分解為若干個局部的分析方法，具體包括比率因素分解法和差異因素分解法。由於企業的活動是一個有機的整體，每個指標的高低，都受不止一個因素的影響，因而從數量上測定各因素的影響程度，可以幫助人們抓住主要矛盾，或者更有說服力地評價企業狀況。

4. 注意事項

採用因素分析法時必須注意以下問題：

（1）因素分解的相關性問題。所謂因素分解的相關性，是指分析指標與其影響因素之間必須真正相關，即有實際經濟意義，各影響因素的變動確實能說明分析指標差異產生的原因。

（2）分析前提的假設性。所謂分析前提的假設性，是指分析某一因素對經濟指標差異的影響時，必須以其他因素都不變為前提，否則就不能分清各單一因素對分析對象的影響程度。

（3）因素替代的順序性。確定因素替代順序的傳統方法是依據數量指標在前、質量指標在後的原則進行排列，現在也有人提出依據重要性原則，即重要的因素排在前面，次要因素排在後面。但是無論何種排列方法，都缺少堅實的理論基礎。一般為了分清責任，將對分析指標影響較大的、並能明確責任的因素放在前面可能要好一些。

（4）連環性是指在確定各因素變動對分析對象的影響時，都是將某因素替代後的結果與該因素替代前的結果進行對比。這樣既能保證各因素對分析對象影響結果的可分性，又便於檢查分析結果的準確性。

二、因子分析法

1. 因子分析法的含義

因子分析法是從研究變量內部相關的依賴關係出發，把一些具有錯綜複雜關係的變量歸結為少數幾個綜合因子的一種多變量統計分析方法。它的基本思想是將觀測變量進行分類，將相關性較高，即聯繫比較緊密的分在同一類中，而不同類變量之間的相關性則較低，那麼每一類變量實際上就代表了一個基本結構，即公共因子。對於所研究的問題就是試圖用最少個數的不可測的所謂公共因子的線性函數與特殊因子之和來描述原來觀測的每一變量。

因子分析的基本目的是利用少數幾個因子去描述許多指標或因素之間的聯繫，即將相互比較密切的幾個變量歸在同一類中，每一類變量就成為一個因子（之所以稱其為因子，是因為它是不可觀測的，即不是具體的變量），以較少的幾個因子反應原資料的大部分信息。

2. 財務比率因子分析法的應用基本步驟

（1）收集所要研究企業的財務比率數據，構建樣本原始數據矩陣：

$$Y = \begin{bmatrix} Y_{11} & Y_{12} & \cdots & Y_{1p} \\ Y_{21} & Y_{22} & \cdots & Y_{2p} \\ \vdots & \vdots & & \vdots \\ Y_{n1} & Y_{n2} & \cdots & Y_{np} \end{bmatrix}$$

其中，Y 表示第 i 個企業的第 j 個財務比率。

（2）對樣本原始數據進行標準化處理。為了便於對財務比率進行比較，並消除由於觀測量值的差異對數量所造成的影響，有必要對原始數據進行標準化處理，使標準化後的變量的均值為0，方差為1，近似標準正態分佈，從而使各財務比率指標之間具有可比性。

（3）計算樣本相關係數矩陣 R 與協方差陣 S。相關係數可反應指標間信息重疊的程度，其值越大，信息重疊的程度越高；其值越小，信息重疊的程度越低。

（4）利用樣本數據矩陣，計算其特徵值、特徵向量、特徵值貢獻率，求得因子載荷矩陣 A，並形成因子模型為：

$$\begin{cases} X_1 = a_{11}F_1 + a_{12}F_2 + \cdots + a_{1m}F_m + \Sigma_1 \\ X_2 = a_{21}F_1 + a_{22}F_2 + \cdots + a_{2m}F_m + \Sigma_2 \\ \qquad\qquad\qquad\vdots \\ X_p = a_{p1}F_1 + a_{p2}F_2 + \cdots + a_{pm}F_m + \Sigma_p \end{cases}$$

模型中的 F 為公共因子，它是在各個原觀測變量的表達式中都會共同出現的因子，是相互獨立的不可觀測的理論變量，而公共因子的含義必須結合具體的實際意義而定。模型中的系數 a 為公共因子載荷量，簡稱因子載荷，其絕對值越大，表明 X 與 F 的相依程度越大。

（5）選擇公共因子。計算因子載荷矩陣中所有 F 對 X 的方差貢獻，衡量公共因子的相對重要性，依次提煉出最有影響的公共因子。

（6）因子旋轉。因子分析可以採用不同的方式加以解釋，不同的旋轉方式只是從不同的角度看待同一現象。

（7）構造出綜合得分函數，對各樣本進行評價。

財務比率因子分析法的一般形式可如表 6-10 所示。

其計算分析步驟為：首先，根據表 6-10 中各指標的相關數據構建樣本原始數據矩陣；其次，根據樣本原始數據矩陣計算其特徵值，並形成特徵值的特徵向量矩陣；再次，根據其特徵向量矩陣求得因子載荷矩陣，並形成因子模型；最後，根據因子模型進行最終財務分析評價。

表 6-10　上市公司業績評價指標體系

指標名稱	代　號
淨資產收益率	X_1
主營業務利潤率	X_2
資產負債比率	X_3
速動比率	X_4
總資產週轉率	X_5
應收帳款週轉率	X_6
存貨週轉率	X_7
總資產增長率	X_8
主營業務收入增長率	X_9

因子分析的主要優點是能夠將大量的變量減少為幾個較少的變量，以減輕工作量。

而財務比率因子分析的作用主要體現在以下兩個方面：

第一，因子分析法的分類方法更加客觀、科學。傳統的財務比率的歸類通常是建立在主觀假定的基礎上，假定某些比率具有經濟聯繫；而因子分析法是應用實際數據對比率之間的經濟聯繫進行實質性測試，使分類合理化。

第二，因子分析法的分類方法是相對的而不是絕對的。傳統的財務比率的歸類是固定的，而因子分析法會因為數據及方法的不同產生不同的分類，這樣就可以讓分析者更瞭解分類本身的相似性。

3. 財務比率因子分析法的注意事項

（1）因子分析的核心是一種濃縮數據的技術，適用於公開獲得數據情況下的財務報表分析。

（2）因子分析法的分類結果只適用於特定的分析樣本。

任務三　綜合分析法

以上各種方法都是單個的具體分析方法，是建立在分項分析的前提下瞭解財務指標內含財務信息的分析方法，這種分析方法的最大缺陷是注意到了點，但缺乏對面的瞭解。綜合分析法就是將財務報表和財務指標結合起來，作為一個整體進行分析，評價企業整體財務狀況和經營成果的優劣。

財務報告分析的最終目的是全面、準確、客觀地揭示企業財務狀況和經營成果，並借以對企業經濟效益優劣作出合理的評價。顯然，要達到這樣一個分析目的，僅僅從企業的償債能力、盈利能力和營業能力，以及資產負債表、利潤表、現金流量表等不同側面，分別對企業的財務狀況和經營成果進行具體分析，是不可能得出合理、正確的綜合結論的。企業的經營活動是一個有機的整體，要全面評價企業的經濟效益，僅僅滿足於局部分析是不夠的，而應該將相互聯繫的各種報表、各項指標聯繫在一起，從全局出發，進行全面、系統、綜合的評價。

財務報表分析

一、財務報表綜合分析的特點

所謂綜合分析，是相對於財務指標單項分析而言的，它將各單項財務指標相結合，作為一個整體、系統、全面、綜合地對企業財務狀況、經營成果及現金流量，進行剖析、解釋和評價，說明企業整體財務狀況和效益的優劣。與單項分析相比，財務報表綜合分析具有以下特點：

（1）分析方法不同。單項分析通常把企業財務活動的總體分解為各個具體部分，以認識每一個具體的財務現象，並據此對財務狀況和經營成果的某一方面做出判斷和評價；而綜合分析則是通過把若干個別財務現象放在企業財務活動的總體上進行歸納綜合、著重從整體上概括財務活動的本質特徵。因此，單項分析具有實務性和實證性，是綜合分析的基礎；綜合分析則是對單項分析的抽象和概括，具有高度的抽象性和概括性，如果不把具體的問題提高到理性高度認識，就難以對企業的財務狀況和經營業績做出全面、完整和綜合的評價。因此，綜合分析應以各單項分析指標及其各指標要素為基礎，要求各單項指標要素及計算的各項指標一定要真實、全面和適當，所設置的評價指標必須能夠涵蓋企業盈利能力、償還能力和營運能力等諸多方面總體分析的要求。因此，只有把單項分析和綜合分析結合起來，才能提高財務報表分析的質量。

（2）分析重點和基準不同。單項分析的重點和比較基準是財務計劃、財務理論標準，而綜合分析的重點和基準是企業整體發展趨勢。因此，單項分析把每個分析指標放在同等重要的地位來加以關注，故難以考慮各種指標之間的相互關係；而財務綜合分析強調各種指標有主輔之分，強調抓住主要指標，只有抓住主要指標，才能抓住影響企業財務狀況的主要矛盾。並且認為在主要財務指標分析的基礎上再對其輔助指標進行分析，才能分析透澈、把握準確、詳盡。當然，各主輔指標功能應相互協調匹配，在利用主輔指標時，還應特別注意主輔指標間的本質聯繫和層次關係。

（3）分析目的不同。單項分析的目的性通常較明確，側重於找出企業財務狀況和經營成果某一方面存在的問題，並提出改進措施；綜合分析的目的是要全面評價企業的財務狀況和經營成果，並提出具有全局性的改進意見。顯然，只有綜合分析獲得的信息才是最系統、最完整的，單項分析僅僅涉及一個領域或一個方面，往往達不到這樣的目的。

財務綜合分析的方法有很多，概括起來可以分為兩類：一類是財務報表綜合分析；

另一類是財務指標體系綜合分析，如杜邦財務分析體系。

二、財務報表綜合分析方法的具體類型

1. 杜邦分析法

杜邦分析法是指根據各主要財務比率指標之間的內在聯繫，建立財務分析指標體系，綜合分析企業財務狀況的方法。其特點是將若干反應企業盈利狀況、財務狀況和營運狀況的比率按其內在聯繫有機地結合起來，形成一個完整的指標體系，並最終通過淨資產收益率這一核心指標來綜合反應。這種方法由美國杜邦公司在20世紀20年代率先採用，故稱杜邦分析法。其具體內容如圖7-1所示。

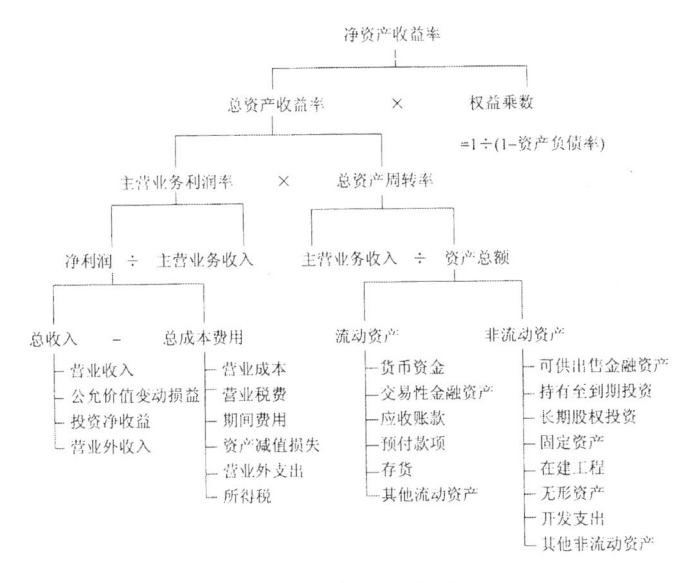

圖7-1 杜邦財務分析圖

杜邦財務分析體系為進行企業綜合分析提供了極具價值的財務信息。其中，淨資產收益率是綜合性最強的財務指標，是企業綜合財務分析的核心。這一指標反應了投資者的投入資本獲利能力的高低，體現出企業經營的目標。從企業財務活動和經營活動的相互關係看，由於淨資產收益率的變動取決於企業資本經營、資產經營和商品經營等所有各項活動，因而可以使企業財務活動效率和經營活動效率得到綜合體現。

2. 雷達圖分析法

雷達圖分析法是日本企業界進行綜合實力評估而採用的一種財務狀況綜合評價方

法。按這種方法所繪製的財務比率綜合圖形似雷達，故得此名。它是對客戶財務能力進行分析的重要工具，從動態和靜態兩個方面分析客戶的財務狀況。其中，靜態分析將客戶的各種財務比率與其他相似客戶或整個行業的財務比率做橫向比較；而動態分析則把客戶現時的財務比率與先前的財務比率做縱向比較，從而可以發現客戶財務及經營情況的發展變化方向。雷達圖把縱向和橫向的分析比較方法結合起來，計算綜合客戶的收益性、成長性、安全性、流動性和生產性這5類指標。

可以借助Excel工具繪製雷達圖，一般可以將比較值設定為1，然後將實際值除以比較值得到的對比值與比較值1代入Excel工具繪製雷達圖，並最終得到雷達分析圖。

3. 經濟增加值分析

經濟增加值（Economic Value Added，EVA）是由美國學者Stewart提出，並由美國著名的思騰思特諮詢公司註冊並實施的一套以經濟增加值理念為基礎的財務管理系統、決策機制和激勵報酬制度。它是一定時期公司所有成本被扣除後的剩餘收入，等於稅後淨利潤減去資本成本。其基本理念是資本獲得的收益至少要能補償投資者承擔的風險，即股東必須賺取至少等於資本市場上類似風險投資回報的收益率。

$$經濟增加值 = 稅後淨營業利潤 - 資本成本$$
$$= (R - K_w) NA$$
$$= R \times NA - K_w \times NA$$

其中，R是資本收益率，即投入資本報酬率，等於稅前利潤減去所得稅再除以投入資本；K_w是加權資本成本，包括債務成本及所有者權益成本；NA是投入資本，等於資產減去負債；$R \times NA$為稅後營業淨利潤；$K_w \times NA$為資本成本。

在經濟增加值的標準下，資本收益率高低並非投資和企業經營狀況好壞的評估標準，關鍵在於收益是否超過資本成本。因此，資本收益大於資本成本時，說明資本增值；資本收益等於資本成本時，說明資本保值；資本收益小於資本成本時，說明資本貶值。

4. 平衡計分卡分析

當企業管理進入戰略管理階段後，管理一個企業的高度複雜性要求同時從幾個方面來考察業績。平衡計分卡是一套能快速而全面地考察企業的業績評價系統，它從4個方面觀察企業，即財務、顧客、內部業務、創新和學習。其中，財務指標說明已採取的行動產生的結果，同時，通過對顧客滿意度、內部程序，以及組織的創新和提高

活動進行測評得出業務指標，業務指標是未來財務業績的推進器。

平衡計分卡是一套基於戰略管理的業績評價指標體系，體現了多方面的平衡性。

第一，結果指標與動因指標的平衡。在平衡計分卡中，財務方面的指標是企業追求的結果，其他3個方面的指標是取得這種結果的動因。

第二，日常指標和戰略指標的平衡。能夠用於業績評價的指標多種多樣，但哪些指標能夠納入基於戰略管理的業績評價體系，需要根據不同的發展戰略確定不同的關鍵業績指標及其延伸指標。

第三，利益相關者之間的平衡。企業業績計量系統的一個最基本和最重要的作用就是監控契約雙方的交易，這將使企業決定契約雙方的期望是否得到了滿足，以便找出問題所在及改進的方法。業績計量指標反應了企業的次要目標，因為恰當的業績計量指標能夠預測或帶動企業在基本目標方面的業績，實現基本目標業績指標與次要目標業績指標之間的平衡。

復習思考

1. 財務報表分析的基本方法有哪些？各有哪些應注意的問題？
2. 什麼叫結構百分比報表？它有什麼作用？
3. 趨勢分析法有哪些具體類型？
4. 綜合分析法有哪些具體方法？

財務報表分析

項目七　營運能力分析

學習目標

1. 掌握營運能力分析指標的計算方法。
2. 理解各個營運能力指標計算中的數據選擇。
3. 理解各個營運能力指標分析的影響因素。
4. 運用營運能力分析指標判斷營運能力。

任務一　流動資產營運能力

　　企業資產的營運能力用週轉期或週轉率來衡量。週轉期，即每種資產或負債從發生到收回或支付的天數；週轉率，即每種資產或負債在一年內從發生到收回循環往復的次數，也稱週轉次數。

　　週轉期和週轉率指標的構建都採用一定期間內實現的業務量與資產金額對比的方式。計算時，通常選取一年的業務量計算年週轉率或週轉期；選取的資產金額則是該項資產年初和年末的平均額。但是，如果企業的經營具有明顯的季節性，冬季（年初

和年末）在資金額上與夏季（年中）具有明顯的差異，使用年初和年末的資金平均額顯然無法代表企業全年實際占用資金的情況。因此，遇到這種季節性差異顯著的企業，最好將四個季度報表中的資金額進行平均。以下的分析以普通企業為例，不考慮具有明顯季節性差異企業的情況。

一、存貨週轉能力指標

企業存貨資金的使用效率可以用存貨週轉率（也叫存貨週轉次數）（Inventory Turnover）指標進行分析。

$$存貨週轉率（週轉次數）=\frac{營業成本}{存貨平均餘額}$$

存貨週轉期從另一個角度揭示了存貨資金使用效率和管理能力。

$$存貨週轉期（週轉天數）=\frac{存貨平均餘額}{營業成本}\times 360$$

或

$$存貨週轉期=\frac{360}{存貨週轉率}$$

指標計算要點：

（1）業務量數據的選取。

存貨週轉率和週轉期的計算通常採用營業成本作為業務量指標，而不採用營業收入指標。這是因為存貨是在企業營運中直接轉化為企業的營業成本，通過營業成本的回收完成存貨投資的形態轉化的，採用營業成本計算的存貨週轉率和週轉期指標更能反應存貨管理的水平。但是，當企業營業收入和營業成本的比值基本穩定的情況下，使用營業收入也是可以的。

（2）平均存貨餘額的選取。

通常情況下，計算存貨週轉率和週轉期使用的是報表欄目中的存貨淨額數據。其前提是企業的存貨跌價準備的計提金額不大，或者前後期的計提比例沒有發生明顯的改變，或者是比較對象的存貨跌價準備計提比例非常接近。

但是，如果嚴格地分析，存貨週轉率和週轉期計算中使用的平均存貨餘額，應該為企業計提存貨跌價準備之前的存貨帳面餘額，而非存貨淨額。這是因為，存貨餘額代表企業對存貨的投資額，而計提的存貨跌價準備考慮的是存貨投資可能的損失，並

不代表企業因此可以減少支撐既定業務量而必需的存貨投資；從另一個角度講，企業真實的業績和管理能力不應該受到企業會計政策的影響。目前中國上市公司的財務報表中只顯示存貨淨額，要找到存貨原值，需要參考報表附註中的信息。

(3) 計算期間的選取。

存貨週轉率和週轉期中使用的業務量期間就是所分析的報表期間。為方便比較，通常使用企業年報數據，因此其計算期間通常是指一個會計年度。每個會計年度的實際天數可能為365天或366天，為簡化計算，慣例上選取360天。但是，如果分析者分析的對象是季節性企業，而且分析者關注同季度企業的存貨管理效率問題，則可能使用季度報表。使用季度報表中的季度營業成本指標計算出來的存貨週轉率就是該季度內存貨的週轉次數，如果要換算成該季度的存貨週轉天數，則存貨週轉期為：

$$某季度存貨週轉期 = \frac{90}{本季存貨週轉率}$$

指標分析要點：

(1) 存貨週轉率的評價。

存貨週轉率越高，存貨週轉天數也就越少，說明企業支撐一定業務量使用的存貨資金越少，回收資金的速度越快，投資效率越高。但是，這其中也隱含著一定的風險，當材料或產品存貨投資過少時，容易導致生產過程中斷；而產成品存貨投資過少，則容易引發斷貨，從而導致銷售損失。存貨週轉率過低，則說明企業可能存在著產成品積壓或原材料變質。但也可能是企業為了應對原材料漲價或預計的銷售突增而有意增加了存貨投資。具體原因，需要根據企業的其他信息進一步分析查找。

(2) 影響存貨週轉率的因素。

企業內部管理者分析存貨資金使用效率時，需要結合企業各類存貨的最佳存貨水平決策進行。而企業外部信息使用者分析存貨資金使用效率時，則需要根據存貨的具體內容深入分析不同種類存貨投資效率異常的原因，需要格外關注財務報表上存貨項目的附註信息。

第一，瞭解原材料存貨、在產品存貨、低值易耗品存貨、產成品存貨的相關金額和比重。關注金額異常或變動較大的項目。

第二，關注企業原料市場和產品市場的重大變動信息。

第三，關注企業戰略上的變動，以便尋找導致不同類別存貨異常或變動的真正原因，得出對企業存貨投資效率的正確判斷。

第四，關注企業所處行業的影響。不同行業由於其經營產品的特點不同，存貨週轉率和週轉期會表現出較大的差異。產品生產週期長的行業往往具有較低的存貨週轉率和較長的存貨週轉期，如表 7-1 所示，房地產開發行業的存貨週轉非常緩慢；反之，產品生產週期短的行業具有較高的存貨週轉率和較短的存貨週轉期，表 7-1 中顯示零售業的存貨週轉非常迅速。

表 7-1　各行業存貨週轉率

行業	2009 年	2010 年	2011 年
零售業	10.14	10.10	11.52
普通鋼鐵	5.27	6.15	6.27
石油加工	8.20	9.02	9.38
白色家電	5.62	5.49	5.75
照明	3.96	4.27	3.47
化學製藥	3.57	3.57	3.48
白酒	1.08	1.14	1.10
房地產開發	0.35	0.31	0.24

資料來源：根據 Wind 中國上市公司數據庫數據整理計算得出

二、應收帳款週轉能力

企業通常使用一定程度的賒銷政策來促進銷售，但賒銷也導致企業必須在應收帳款上進行投資。這些投資是否達到了促進銷售的目的，以及應收帳款的管理水平和安全性如何，可以採用應收帳款週轉率（Accounts Receivable Turnover）和應收帳款週轉期指標進行評價。

$$應收帳款週轉率（週轉次數）= \frac{營業收入}{應收帳款平均餘額}$$

應收帳款週轉期從另一個角度反應了企業的應收帳款管理能力。

$$應收帳款週轉期（週轉天數）= \frac{應收帳款平均餘額}{營業收入} \times 360$$

或

$$應收帳款週轉期（週轉天數）= \frac{360}{應收帳款週轉率}$$

在其他條件相同的情況下，應收帳款週轉率越高，說明企業在產品市場上的話語權越大，可以更多地採用現金銷售的方式而不影響其市場地位。

指標計算要點：

（1）營業收入的選擇。

應收帳款週轉能力指標計算使用的業務量是營業收入。但是，現實中應收帳款投資所支撐的業務量是企業的賒銷收入，分析時如能使用賒銷收入將更為準確；然而，在企業外部，由於無法獲得賒銷與現銷的資料，只能使用營業收入，從而高估了企業的應收帳款週轉率，在一定程度上使得指標解釋力不足。

從另外一個角度考慮，如果某企業的確因為採用現銷策略而使得應收帳款週轉能力指標表現得更為優異，就說明該企業的產品可能優於其他企業的產品，該企業在不對業務造成不良影響的前提下，因現金銷售而大大節約了應收帳款投資。這種情況下，較高的應收帳款週轉率儘管不能說明企業的應收帳款管理能力強，但是卻能體現企業的產品定位。因此，分析和解釋應收帳款週轉率和週轉期指標時，要注意結合企業的行銷戰略和產品特點進行分析，以得出更為準確的結論。

（2）應收帳款餘額的選擇。

通常情況下，計算應收帳款週轉率和週轉期使用的是資產負債表的應收帳款淨額項目。但是，與存貨和存貨跌價準備類似，如果應收帳款計提的減值準備金額很大，或者前後期該計提比例有較大變化，或對比公司該計提比例差異較大，則選取應收帳款餘額而非淨額計算會更好地排除會計政策變更對指標計算的影響。應收帳款餘額的相關信息可在企業財務報表附註中找到。

此外，應收帳款餘額中最好還要包括應收票據的餘額。應收票據是企業持有的、尚未到期兌現的商業票據。企業只有在票據到期時才能取得貨款。應收票據也是企業賒銷的一種形式，只是應收帳款是無息的，而有些應收票據可能是有息的，但它們在作用和目的上是一致的。

（3）計算期間的選取。

與存貨週轉率和週轉期的計算類似，應收帳款週轉率和週轉期也存在計算期間選取的問題。前面的公式假設應收帳款支撐的業務量是一個會計年度的，因此應採用360天作為計算期間。但是，如果分析者使用的是季度數據，則計算期是90天，意味著對應收帳款週轉率的計算只考察在特定季度內應收帳款的週轉次數，則在該季度中，應

收帳款週轉期為：

$$某季度應收帳款週轉期 = \frac{90}{本季度應收帳款週轉率}$$

對於季節性生產的企業，各季度的銷售量差異很大，因此使用季度數據計算的應收帳款週轉天數並不能代表全年應收帳款的平均回收期。同樣，全年的應收帳款週轉次數也不等於本季度的應收帳款週轉次數乘以4。

指標分析要點：

（1）企業行銷策略對應收帳款週轉率和週轉期的影響。

一般情況下，應收帳款週轉率越高或者應收帳款週轉期越短，說明企業的應收帳款管理越好。而應收帳款週轉率降低、應收帳款週轉期延長，很可能預示著企業存在虛假銷售增長的現象，或者銷售出現問題，被迫放寬應收帳款政策，或者應收帳款客戶出現問題，應收帳款回收有困難，因此必須警惕。

但是，應收帳款週轉率的高低和應收帳款週轉期的長短，還與企業的行銷策略和應收帳款政策有關。應收帳款週轉期是否過長，應該參考企業的應收帳款政策。例如，企業制定的應收帳款回收期為30天，則超過30天的應收帳款週轉期表示企業的應收帳款管理存在不足，存在客戶拖欠應收帳款的現象；反之，則說明應收帳款管理較好。

（2）平均帳齡與帳齡分析。

應收帳款週轉期也稱應收帳款平均帳齡，該指標反應了企業應收帳款的平均回收天數，如果要詳細分析企業的應收帳款管理水平，或者瞭解企業的應收帳款質量如何，僅有平均帳齡是不夠的，最好同時參考企業報表附註中的應收帳款帳齡分析表。表中帳齡越長的應收帳款，回收的可能性越低；長帳齡的應收帳款所占比重越高，企業的應收帳款管理存在的問題越嚴重。

（3）對個別重要應收帳款的分析。

對企業的應收帳款管理水平和應收帳款安全性的分析不應僅限於相關的指標計算，分析者還應對應收帳款中金額重大的客戶、拖欠時間長的項目進行深入調研，分析其信用狀況和還款的可能性。

三、流動資產週轉能力

企業的其他流動資產項目與業務量的因果關係並不十分緊密，沒有逐一設計週轉能力指標，但是，這並不意味著這些項目不重要；相反，其他應收款、預付帳款等的

資金占用越多，企業資產的營運效率就越低。綜合考慮所有流動資產的管理效率，可以用流動資產週轉率（Current Asset Turnover）指標來考察，或者可以通過流動資產週轉期指標來體現。

$$流動資產週轉率（週轉次數）= \frac{營業收入}{流動資產平均餘額}$$

$$流動資產週轉期（週轉天數）= \frac{流動資產平均餘額}{營業收入} \times 360$$

或

$$流動資產週轉期 = \frac{360}{流動資產週轉率}$$

通常情況下，企業的流動資產週轉率越高，說明其流動資產利用效率越高，單位流動資產創造營業收入的能力越強，支撐產生單位營業收入占用的流動資產投資越少；反之，流動資產週轉率越低，說明其流動資產利用效率越低。

指標計算要點：

（1）營業收入的選擇。

流動資產週轉能力指標計算使用的營業收入既包括現金收入，也包括賒銷收入，即企業利潤表上的營業收入。

（2）流動資產餘額的選擇。

指標中的流動資產餘額最好採用企業經營用流動資產的金額，不含企業非經營用的金融資產，如交易性金融資產、投資證券的保證金，以及與之相關的應收股利、應收利息等。但是很多分析者可能會忽略這種分類，直接使用資產負債表上的流動資產合計數。當金融資產不多的時候，這兩者之間的差異可以忽略。但如果企業擁有大量的金融資產，採用前一種計算方法將能更準確地描述企業的營運能力。

（3）計算期間的選擇。

流動資產週轉率和週轉期的計算期間通常是一年。如果在季度內計算，同樣需要考慮是否存在季節性差異，不可以直接換算成年度數據。

四、應付帳款週轉能力

應付帳款週轉能力指標反應企業利用應付帳款節約投入資本，從而提高投入資本的營利能力和使用效率。其中包括應付帳款週轉率指標（Accounts Payable Turnover）

和應付帳款週轉期指標。

$$應付帳款週轉率（週轉次數）=\frac{營業成本}{應付帳款平均餘額}$$

$$應付帳款週轉期（週轉天數）=\frac{應付帳款平均餘額}{營業成本}\times360$$

或

$$應付帳款週轉期=\frac{360}{應付帳款週轉率}$$

企業的應付帳款週轉率越低，或者應付帳款週轉期越長，說明企業支撐同樣業務量占用的供貨商的資金越多，投資者投資越少，投資的效率越高；該期限越長，企業的現金週轉期就越短，經營用的資金投入就可以越少。某些大型零售企業通過供貨商先行供貨，出售貨物後才支付供貨商貨款的方式，大大減少了投資需要。因此，對於企業應付帳款週轉率的突然變動或者與行業內其他企業相比具有明顯的差異，應該首先判斷企業與供貨商之間的供貨模式是否出現改變，或者是否存在與行業企業明顯不同的供貨模式。如果出現無緣由的應付帳款週轉率大幅度下降，則須結合企業的動態償債能力分析，判斷是否與企業的支付能力出現問題有關。

指標計算要點：

（1）營業成本數據的選取。

應付帳款是企業購買存貨產生的，因此應付帳款對應的業務量本應是企業的賒購量，或者是當期的採購金額。但是，外部分析者較難獲得企業採購金額的數據，因此只能採用營業成本金額代替存貨採購的金額。當企業存貨的價值在採購環節與出售環節存在較大差異時，該指標將存在一定程度的偏差。

（2）應付票據的考慮。

與應收帳款週轉期和週轉率的計算類似，企業在賒購中也可能採用商業票據形式。應付票據與應付帳款一樣，能夠減少投資者對流動資產的投入金額。因此，應付帳款週轉率和週轉期的計算中，既包括應付帳款，也包括賒購產生的應付票據。需要注意的是，向銀行等金融機構借款產生的票據不能計入應付票據。

任務二　非流動資產營運能力

企業經營活動使用的資產不僅僅是流動資產，還包括固定資產、無形資產等非流動資產。這些資產的使用效率同樣影響著企業的營運獲利能力。非流動資產營運能力分析指標通常只計算週轉率，不再計算週轉期。

一、固定資產週轉率

固定資產週轉率（Fixed Assets Turnover）是衡量企業固定資產使用效率的指標。

$$\text{固定資產週轉率（週轉次數）} = \frac{\text{營業收入}}{\text{固定資產平均淨值}}$$

通常而言，固定資產週轉率越高，說明企業固定資產的利用率越高，企業的冗餘資產越少；固定資產週轉率過低，可能是因為企業的銷售情況較差，也可能意味著企業存在低效利用甚至閒置的固定資產。

指標計算要點：

（1）分子的選擇。

企業的固定資產價值是以成本和費用的形式轉移到產品成本、銷售費用和管理費用之中的。這種價值轉移與收回的對應關係很難量化確定，因此按照固定資產投資的目的，以營業收入作為業務量。

（2）分母的選擇。

如果企業的固定資產減值準備金額不大，則直接使用報表欄目上的固定資產淨額即可。但是，如果企業的固定資產減值準備金額較大，公式上的分母應使用固定資產淨值。固定資產淨值是指固定資產原值減去累計折舊之後的金額，不扣減固定資產減值準備，其道理與前面提到的存貨跌價準備和應收帳款壞帳準備類似，減值準備的提取本身並不能提高固定資產的使用效率，它是固定資產投資的損失。該數值為報表項目中的固定資產淨額加回報表附註中有關固定資產減值準備的金額。

指標分析要點：

（1）關注行業特點。

固定資產週轉率在很大程度上與企業所處行業的資產特點相關，資本密集型行業通常有大量的固定資產，因此固定資產週轉率較低；而勞動力密集型行業，則通常具有較高的固定資產週轉率。

（2）關注行業週期的影響。

固定資產很難在短時間內增減，因此，行業週期非常明顯的行業和企業，在週期的不同階段固定資產週轉率會表現出較大的差異。當行業週期處於上行階段時，固定資產週轉因營業收入的快速增長而加快，固定資產週轉率提高；反之，當行業週期處於下行階段時，固定資產的週轉因營業收入的快速下滑而放緩，固定資產週轉率降低。這種週轉率的大幅度變化，會給企業和投資者帶來較高的風險。

（3）關注大額投資的影響。

一些企業在擴張經營規模的過程中，由於一些大型生產線或分廠是一次性巨額投入使用的，短期內產能不能馬上釋放，因此會導致一段期間內出現異常低的固定資產週轉率，分析時不能因此而輕易得出企業固定資產管理不善的結論。如果經過較長時期，固定資產週轉率仍然得不到恢復，則很可能說明企業資產規模的擴大並未帶來應有的收入，企業投資失誤。

（4）關注折舊政策的影響。

固定資產累計折舊的多少在一定程度上受折舊政策的影響，當比較兩家採用不同折舊政策的企業時，如果不注意，很可能會得出違背實際情況的評價結論。這種現象主要出現在主要固定資產一次性完成投入並且使用週期非常長的企業。例如，水電企業，最主要的固定資產——水壩投入使用後，很長時間不需要進行更新，如果不考慮這種會計因素，很容易導致新的水電企業在與老的水電企業比較固定資產週轉率指標時處於劣勢，以致對企業的資產管理能力形成誤判。

二、非流動資產週轉能力

非流動資產週轉率（Non-current Asset Turnover）指標主要是指用於衡量企業為經營目的而進行的所有非流動資產投資的使用效率。

$$非流動資產週轉率（週轉次數）= \frac{營業收入}{非流動資產平均淨值}$$

非流動資產週轉率越高，說明企業的非流動資產利用率越高，非流動資產的質量越好，無效資產越少；但是，若要分析這種利用率產生的原因，則更多地需要逐項深入分析企業的非流動資產構成和它們的使用狀況；反之，非流動資產週轉率越低，企業的非流動資產利用率越差，無效資產越多。

指標計算要點：

（1）非流動資產的內容。

計算非流動資產週轉率通常採用資產負債表中的非流動資產合計數據。但是，如果企業的非流動資產中存在較多的金融資產，如可供交易的金融資產、持有至到期投資等，則該指標會偏離分析企業經營活動投資的使用效率的目標。

（2）非流動資產採用淨值。

嚴格意義的指標計算中，非流動資產均使用淨值，考慮固定資產的累計折舊、無形資產的累計攤銷，但不考慮減值準備對資產帳面價值的抵減。由於實際中減值準備金額通常很小、在計算中可以忽略不計。

任務三　全部資產營運能力

全部資產營運能力分析是對企業全部資產的使用效率的一個總體評價，用總資產週轉率指標來表示。總資產週轉率是對企業資產總體的使用效率進行評價的指標。

$$總資產週轉率（週轉次數）＝\frac{營業收入}{資產平均總額}$$

總資產週轉率體現了企業使用全部資產創造營業收入的效率。一般而言，總資產週轉率越高，說明企業資產總體的使用效率越高；反之，則說明企業資產總體的使用效率越低。

指標分析要點：

（1）關注總資產與營業收入的匹配性對分析結果的影響。

總資產週轉率指標是總括性的，是對企業資產整體週轉能力的一種評價，從指標

的目的來看，該指標應反應資產在創造營業收入過程中的使用效率。相應地，總資產應僅指企業投資的用於經營活動的資產，不應包括金融資產。一般工商企業金融資產非常少，因此分析者通常忽略這一問題，直接使用企業全部資產的平均值來計算總資產週轉率指標。如果企業的金融資產很多，指標分析與實際情況將產生差異，則會偏離分析目標。

（2）關注具體的資產結構。

總資產週轉率的高低與企業個別資產週轉率的高低和個別資產在總資產中的比重相關，因此要理解分析企業總資產使用效率高低的原因，必須對前面提到的各單項資產的使用效率進行逐一分析。

復習思考

1. 某企業為了提高資金使用效率，提出減少賒銷、增加現金銷售。這樣做是否能夠提高應收帳款週轉率？

2. 以下事項如何影響企業的存貨週轉率、應收帳款週轉率、固定資產週轉率和總資產週轉率？

（1）企業計提大額存貨跌價準備。

（2）零售企業年底進行降價促銷，收入大幅度增長，積壓的產品很快賣出。

（3）企業銷售人員為獲取年底獎金，說服經銷商更多進貨，商品出售後支付。

財務報表分析

項目八 盈利能力分析

學習目標

1. 瞭解盈利能力的各項指標。
2. 明確盈利能力指標的計算方法和意義。
3. 掌握盈利能力各項指標之間的關係。
4. 理解盈利能力指標與其他指標之間的相互關係。

任務一 盈利能力分析的目的和內容

一、盈利能力分析的目的

盈利是企業的重要經營目標，是企業生存和發展的物質基礎。企業的所有者、債權人及經營管理者都非常關心企業的盈利能力。盈利能力分析就是通過一定的分析方法，判斷企業獲取利潤的能力。它包含兩個層次的內容：一是企業在一個會計期間內

項目八　盈利能力分析

從事生產經營活動的盈利能力的分析；二是企業在一個較長期間內穩定地獲得較高利潤能力的分析。也就是說，盈利能力涉及盈利水平的高低、盈利的穩定性和持久性。盈利能力分析是企業財務分析的重點，企業經營的好壞最終都可以通過盈利能力表現出來。它也是企業利益相關單位瞭解企業、認識企業及企業內部改進經營管理的重要手段之一。企業進行盈利能力分析的主要目的表現為以下幾方面。

（1）揭示利潤表及相關項目的內涵。
（2）瞭解企業盈利能力的變動情況及變動原因。
（3）可據此解釋、評價和預測企業未來的經濟效益。
（4）是有關單位瞭解企業、評價企業及企業內部改進經營管理的重要手段。

二、盈利能力分析的內容

盈利能力分析是企業財務分析的核心，通過分析，可以發現企業在經營管理中存在的問題，有利於企業及時改善財務結構，提高企業營運及償債能力，促進企業持續穩定發展。盈利能力分析主要通過不同的利潤率分析來滿足各方面對財務信息的需求。其主要內容包括以下幾點。

（1）銷售盈利能力分析指標。它包括營業毛利率、營業利潤率、營業淨利率等指標。企業的利潤主要來源於銷售商品，通過銷售盈利能力指標的分析，有助於瞭解企業市場佔有率，增強產品的市場競爭能力。

（2）資本與資產經營盈利能力分析指標。它包括淨資產收益率、總資產報酬率等指標。通過對資本與資產經營盈利能力的指標分析，有利於瞭解企業資本與資產的利用效率，分析其因素變化對利潤的影響程度。

（3）上市公司盈利能力分析指標。它包括每股收益、每股股利、股利支付率、市盈率、每股淨資產等指標。通過對上市公司的盈利能力指標進行分析，有利於瞭解上市公司的盈利水平，預測企業未來的經營成果和財務發展狀況。

任務二 盈利能力指標分析與評價

一、銷售盈利能力分析

企業經營的目標是使利潤最大化，只有盈利才能使企業進行更好的生存和發展。因此，銷售盈利能力指標是財務報表使用者較為關注的能力指標，也是考核同一行業管理水平的重要依據。反應銷售盈利能力的指標主要包括營業毛利率、營業利潤率、營業淨利率等。

1. 營業毛利率

營業毛利率又名銷售毛利率。營業毛利是指企業銷售收入扣除銷售成本以後的差額，在一定程度上反應企業銷售環節獲利的效率高低。營業毛利率是指營業毛利與營業收入的比例關係。通常，營業毛利率指標越高，說明在銷售收入中銷售成本所占的比重越小，企業的銷售盈利能力就越強，其產品在市場上的競爭能力也越強。營業毛利是企業銷售淨利潤的基礎，沒有足夠大的毛利率便不可能盈利。營業毛利率的計算公式為：

$$營業毛利率 = \frac{營業毛利}{營業收入淨額} \times 100\%$$

$$營業毛利 = 營業收入 - 營業成本$$

根據 HS 公司利潤表（見表 2.21）提供的資料，可以計算公司 2013 年的營業毛利率。

營業毛利率＝營業毛利÷營業收入淨額×100%＝（104,819-21,370）÷104,819×100%
　　　　　＝79,476÷104,819×100%＝79.61%

營業毛利率的高低與企業產品定價政策有關，並且不同行業間的營業毛利率有很大差別。一般來說，營業週期長、固定費用高的行業，如工業企業，會有較高的毛利率，這樣會彌補其較高的營業成本；營業週期短、固定費用低的行業，如商品流通企

業，其毛利率可以低一些。為了公正地評價企業的盈利能力，應將該指標與行業的平均水平或先進水平進行比較，並結合企業的目標毛利率來分析，以便更好地發現問題並尋找原因，提高企業的盈利能力。

2. 營業利潤率

營業利潤率是企業在一定時間內營業利潤與營業收人的比率。營業利潤率反應了企業每單位營業收入能帶來多少營業利潤，表明了企業經營業務的銷售盈利能力。營業利潤率是衡量企業創利能力高低的一個重要財務指標，該指標越高，表明企業營業創利能力越強，未來收益的發展前景越可觀。營業利潤率的計算公式為：

$$營業利潤率 = \frac{營業利潤}{營業收入淨額} \times 100\%$$

根據 HS 公司利潤表（見表 2.21）提供的資料，可以計算公司 2013 年的營業利潤率。

營業利潤率＝營業利潤÷營業收人淨額×100%＝21,671÷104,819×100%＝20.67%

該比率越高，表明企業的營業活動為社會創造的價值越多，貢獻也就越大。同時，該指標也反應了企業經營活動獲利能力的高低。營業利潤率的水平高低與行業有關，因此，在分析時應參照同行業的平均水平或先進水平進行評價。

3. 營業淨利率

營業淨利率是指企業淨利潤與營業收入的比率，通常用以衡量企業在一定時期銷售收入獲取利潤的能力。營業淨利率指標越高，說明企業銷售的盈利能力越強。但也並非是營業淨利率越高就越好，因為除此之外還必須看企業的銷售增長情況和淨利潤的變動情況。營業淨利率的計算公式為：

$$營業淨利率 = \frac{淨利額}{營業收稅淨額} \times 100\%$$

根據 HS 公司利潤表（見表 2.21）提供的資料，可以計算公司 2013 年的營業淨利率。

營業淨利率＝淨利潤÷營業收入淨額×100%＝26,201÷104,819×100%＝25.00%

由於影響企業淨利潤的因素有多種，所以不能簡單地通過這一比率來說明企業管理水平的高低。另外，營業淨利率指標的高低還需要結合行業的特點，不同行業的企業間的營業淨利率大不相同。在使用該指標進行分析時，要考慮企業在擴大營業收入的同時還要獲得更多的淨利潤，才能使這一指標保持不變，或者提高。

二、資本與資產經營盈利能力分析

反應企業資本經營盈利能力的主要指標是淨資產收益率，反應企業資產經營盈利能力的主要指標是總資產報酬率。

1. 淨資產收益率

淨資產收益率又稱股東權益報酬率、淨值報酬率、權益報酬率、權益淨利率、淨資產報酬率，是站在所有者的立場來衡量企業盈利能力的高低，也是最被投資者關注的指標分析內容。投資者投資企業的最終目的是為了獲取利潤，通過對淨資產收益率的計算，可以判斷企業的投資效益，瞭解企業潛在的投資者的投資傾向，進而預測企業的籌資規模、籌資方式及發展方向。

淨資產收益率是指企業一定時期的淨利潤與平均淨資產的比率。該指標表明企業所有者權益所獲報酬的水平，是反應投資者資本獲利能力的指標。淨資產收益率的計算公式為：

$$淨資產收益率 = \frac{淨利潤}{平均所有者權益} \times 100\%$$

根據 HS 公司資產負債表（見表 2.2）和利潤表（見表 2.21）提供的資料，可以計算公司 2013 年的淨資產收益率。

淨資產收益率＝淨利潤÷所有者權益平均值×100%＝26,201÷[（108,305＋130,387）÷2]×100%＝22.95%

這一比率越高，說明企業運用資本創造利潤的效果越好；反之，則說明資本的利用效果較差。

2. 總資產報酬率

總資產報酬率主要用來衡量企業利用總資產獲得利潤的能力，反應了企業總資產的利用效率。在分析這一指標時，通常要結合同行業平均水平或先進水平，以及企業前期的水平進行對比分析，才能判斷企業總資產報酬率的變動對企業的影響，從而瞭解企業總資產的利用效率，發現企業在經營管理中存在的問題，挖掘潛力，調整經營方針，以達到提高總資產利用效率的目的。

總資產報酬率是指企業在一定時期內息稅前利潤與平均總資產的比率。總資產報酬率的計算公式為：

項目八 盈利能力分析

$$總資產報酬率 = \frac{息稅前利潤}{平均總資產} \times 100\%$$

$$= \frac{利潤總額 + 利息支出}{平均總資產} \times 100\%$$

根據 HS 公司資產負債表（見表2.2）和利潤表（見表2.21）提供的資料，可以計算公司 2013 年的總資產報酬率。

$$總資產報酬率 = \frac{利潤總額 + 利息支出}{平均總資產} \times 100\%$$

$$= \frac{200,000 + 40,000}{(1,800,000 + 2,400,000) \div 2} \times 100\% = 11.43\%$$

總資產報酬率反應了企業資金的利用效果，以較少的資金占用獲得較高的利潤回報，是企業管理者最期望出現的結果，即「所費」和「所得」的關係。總資產報酬率的高低驗證了企業經營管理水平的高低，通過對總資產報酬率的分析，能夠瞭解企業供、產、銷各環節的工作效率和質量，有利於明確各有關部門的責任，發現問題，改正錯誤，從而調動各部門改善經營管理的積極性，提高經濟效益。

盈利能力是企業在一定時期內獲取利潤的能力，是評價企業經營管理水平的重要依據。盈利能力的大小是一個相對的概念，即利潤是相對於一定的資源投入、一定的收入而言的：利潤率越高，盈利能力越強；利潤率越低，盈利能力越差。企業的盈利能力越強，給投資者帶來的回報越高，企業價值越大。同時，企業盈利能力越強，帶來的現金流量越多，企業的償債能力就會得以加強。

復習思考

1. 企業資產對收益形成的影響表現在哪些方面？
2. 經營槓桿對營業利潤有何影響？
3. 營業利潤率、總資產收益率、長期資本收益率3個指標之間有什麼內在聯繫？

財務報表分析

項目九　市場價值分析

學習目標

1. 瞭解市場價值分析。
2. 明確市場價值分析指標的內容和作用。
3. 掌握市場價值分析指標之間的關係。
4. 理解市場價值分析指標與其他財務指標之間的關係。

　　市場價值分析是指站在投資者的角度，對企業的價值最大化進行的分析，因為財務管理的目標就是股東價值最大化。雖然企業投資者對企業價值最大化分析所運用的指標可能是多樣化的，但市場價值分析指標肯定是其中最主要的指標，因為企業價值最大化的市場體現是最公平的。市場價值分析指標主要包括每股收益、市盈率、股利支付率、市淨率、每股帳面價值、每股營業現金淨流量、現金股利保障倍數等指標。

任務一　市場價值分析的意義和作用

　　市場價值分析是財務報表分析的重要內容之一，具有廣泛的用途，也是現代財務分析的一個必要組成部分，是進行財務估價的一種特殊形式。

項目九　市場價值分析

一、企業市場價值分析的意義

企業市場價值分析是通過分析和衡量企業的公平市場價值、投資者的盈利狀況，以及盈利的分配狀況，向市場提供有關信息，以幫助投資人和管理當局改善決策。

企業市場價值分析提供的信息不僅僅是企業價值的一個數字，它還包括在價值產生過程中的大量信息。例如，企業價值是由哪些因素驅動的、銷售淨利率對企業價值的影響有多大、提高投資資本報酬率對企業價值的影響有多大，等等。即使企業價值的最終評估值不一定準確，但這些中間信息也是很有意義的。因此，不要過分關注最終結果而忽視價值產生過程的其他信息。

企業的市場價值分為經濟價值和會計價值。經濟價值是經濟學家所持的價值觀念，它是指一項資產的公平市場價值，通常用該資產所產生的未來現金流量的現值來計量。而對於習慣於使用會計價值和歷史成交價格的會計師，特別要注意區分會計價值與經濟價值、現時市場價值與公平市場價值之間的關係。

1. 會計價值與市場價值

會計價值是指資產、負債和所有者權益的帳面價值，即過去形成這些資產、負債和所有者權益時的交易價值。會計價值與市場價值是不同的。例如，青島海爾電冰箱股份有限公司 2000 年資產負債表中顯示，股東權益的帳面價值為 28.9 億元，而股份數為 5.65 億股，該股票全年平均市價為每股 20.79 元，則市場價值約為 117 億元，與股權的會計價值相差懸殊。

會計報表以交易價格為基礎。例如，某項資產以 1,000 萬元的價格購入，該價格客觀地計量了資產的價值，並且有原始憑證支持，會計師就將它記入帳簿。過了幾年，由於技術更新，該資產的市場價值已經大大低於 1,000 萬元，或者由於通貨膨脹其價值已遠高於最初的購入價格，記錄在帳面上的歷史成交價格與現實的市場價值已經毫不相關，但會計師仍然不能修改原來的記錄。會計師只有在資產需要折舊或攤銷時，才修改資產帳面價值的記錄。

（1）會計師選擇歷史成本的理由。

會計師選擇歷史成本而舍棄現行市場價值的理由有以下幾點：

①歷史成本具有客觀性，可重複驗證。這正是現行市場價值所缺乏的，而會計師以及審計師的職業地位，需要客觀性的支持。

②如果說歷史成本與投資人的決策不相關，那麼現行市場價值也同樣與投資人的決策不相關。投資人購買股票的目的是獲取未來收益，而不是企業資產的價值。企業的資產不是被出售，而是被使用並在產生未來收益的過程中消耗殆盡。與投資人決策相關的信息，是資產在使用中可以帶來的未來收益，而不是其現行市場價值。

由於財務報告採用歷史成本報告資產價值，其符合邏輯的結果之一就是否認資產收益和股權成本，只承認已實現收益和已發生費用。

首先會計規範的制定者出於某種原因，要求會計師在一定程度上使用市場價值計價，但是效果並不好。美國財務會計準則委員會要求對市場交易活躍的資產和負債使用現行市場價值計價，引起很大爭議。中國在企業會計具體準則中曾要求使用公允市價報告，也引起很大爭議，並在新的《企業會計準則》中被修改，恢復到歷史成本，僅要求部分資產使用公允市價報告。

其實，會計報表數據的真正缺點，不是沒有採納現實價格，而是沒有關注未來。會計準則的制定者不僅很少考慮現有資產可能產生的未來收益，而且把許多影響未來收益的資產和負債項目從報表中排除。表外的資產項目包括良好管理、忠誠的顧客、先進的技術等；表外的負債項目包括過時的生產線、低劣的管理等。

(2) 歷史成本計價的不足。

歷史成本計價受到很多批評，主要有以下幾點：

①制定經營或投資決策必須以現實的和未來的信息為依據。歷史成本會計提供的信息是面向過去的，與管理人員、投資人和債權人的決策缺乏相關性。

②歷史成本不能反應企業真實的財務狀況。資產的報告價值是未分配的歷史成本（或剩餘部分），並不是可以支配的資產或可以抵償債務的資產。

③現實中的歷史成本計價會計缺乏方法上的一致性。其貨幣性資產不按歷史成本反應，非貨幣性資產在使用歷史成本計價時也有很多例外，因此歷史成本會計是各種計價方法的混合，不能為經營和投資決策提供有用的信息。

④歷史成本計價缺乏時間一致性。資產負債表把不同會計期間的資產購置價格混合在一起，使之缺乏明確的經濟意義。因此，價值評估通常不使用歷史購進價格，只有在其他方法無法獲得恰當的數據時才將其作為質量不高的替代品。

2. 現時市場價值與公平市場價值

企業市場價值分析的目的是確定一個企業的公平市場價值，而所謂「公平市場價

值」，是指在公平的交易中，熟悉情況的雙方，自願進行資產交換或債務清償的金額。資產被定義為未來的經濟利益，所謂「經濟利益」，其實就是現金流入，資產就是未來可以帶來現金流入的資源。由於不同時間的現金不等價，需要通過折現處理，因資產的公平市場價值就是未來現金流入的現值。

現時市場價值是指按現行市場價格計量的資產價值，它可能是公平的，也可能是不公平的。

第一，作為交易對象的企業，通常沒有完善的市場，也就沒有現成的市場價格。例如，非上市企業或它的一個部門，由於沒有在市場上出售，其價格也就不得而知。而對於上市企業來說，每天參加交易的只是少數股權，多數股權不參加日常交易，因此市價只是少數股東認可的價格，未必代表公平價值。

第二，以企業為對象的交易雙方，由於存在比較嚴重的信息不對稱，人們對於企業的預期會有很大差距，成交的價格不一定是公平的。

第三，股票價格是經常變動的，人們不知道哪一個是公平的。

第四，評估的目的之一是尋找被低估的企業，也就是價格低於價值的企業，而如果用現時市價作為企業的估價，則企業價值與價格相等，那就會得不到任何有意義的信息。

二、企業整體經濟價值的類別

以上明確了價值評估的對象是企業的總體價值，但這並不夠，還需要進一步明確是「哪一種」整體價值。

1. 實體價值與股權價值

當一家企業收購另一家企業時，可以收購賣方的資產，而不承擔其債務；或者購買它的股份，同時承擔其債務。例如，A 企業以 10 億元的價格買下了 B 企業的全部股份，並承擔了 B 企業原有的 5 億元債務，收購的經濟成本是 15 億元。通常，人們說 A 企業以 10 億元收購了 B 企業，其實並不準確。對於 A 企業的股東來說，他們不僅需要支付 10 億元現金（或是價值 10 億元的股票換取 B 企業的股票），而且要以書面契約形式承擔 5 億元債務。實際上他們需要支付 15 億元，10 億元現在支付，另外 5 億元將來支付，即他們用 15 億元購買了 B 企業的全部資產。因此，企業的資產價值與股權價值是不同的。

財務報表分析

企業全部資產的總體價值稱為「企業實體價值」，而企業實體價值是股權價值與債務價值之和：

$$企業實體價值 = 股權價值 + 債務價值$$

股權價值在這裡不是所有者權益的會計價值（帳面價值），而是股權的公平市場價值。債務價值也不是它們的會計價值（帳面價值），而是債務的公平市場價值。

大多數企業併購是以購買股份的形式進行的，因此評估的最終目標和雙方談判的焦點是賣方的股權價值。但是，買方的實際收購成本等於股權成本加上所承接的債務價值。

2. 持續經營價值與清算價值

企業能夠給所有者提供價值的方式有兩種：一種是由營業所產生的未來現金流量的現值，稱為持續經營價值；另一種是停止經營，出售資產產生的現金流，稱為清算價值。這兩者的評估方法和評估結果有明顯區別。因此，評估時必須明確擬評估的企業是一個持續經營的企業還是一個準備清算的企業，評估的價值是其持續經營價值還是其清算價值。在大多數情況下，評估的是企業的持續經營價值。一個企業的公平市場價值，應當是持續經營價值與清算價值中較高的一個。

一個企業持續經營的基本條件，是其持續經營價值超過清算價值。依據理財的「自利原則」，當未來現金流的現值大於清算價值時，投資人會選擇持續經營。如果現金流量下降，或者資本成本提高，使未來現金流量現值低於清算價值時，投資人會選擇清算。

一個企業的持續經營價值已經低於其清算價值，本應當進行清算，但是，也有例外，就是控制企業的人拒絕清算，企業得以持續經營。這種持續經營摧毀了股東本來可以通過清算得到的價值。

3. 少數股權價值與控股權價值

企業的所有權和控制權是兩個不同的概念。首先，少數股權對於企業事務發表的意見無足輕重，只有獲取控制權的人才能決定企業的重大事務。例如，中國多數上市企業是「一股獨大」，大股東決定了企業的生產經營，少數股權基本上沒有決策權；從世界範圍看，多數上市企業的股權高度分散化，沒有哪一個股東可以控制企業，此時有效控制權被授予董事會和高層管理人員，所有股東只是「搭車的乘客」，不滿意的乘客可以「下車」，但是無法控制「方向盤」。

項目九 市場價值分析

在股票市場上交易的只是少數股權，大多數股票並沒有參加交易，掌握控股權的股東，也不參加日常的交易。市場上看到的股價，通常只是少數已經交易的股票價格，它們衡量的只是少數股權的價值，而少數股權與控股股權的價值差異，則明顯地出現在收購交易當中。一旦控股權參加交易，股價就會迅速飆升，甚至達到少數股權價值的數倍。在評估企業價值時，必須明確擬評估的對象是少數股權價值，還是控股權價值。

買入企業的少數股權和買入企業的控股權，是完全不同的。買入企業的少數股權，是承認企業現有的管理和經營戰略，此時的買入者只是一個旁觀者；而買入企業的控股權，投資者就獲得了改變企業生產經營方式的充分自由，或許就可能增加企業的價值。

這兩者是如此不同，以至於可以認為，這是同一企業的股票在兩個分割開來的市場上的交易，一個是少數股權市場，它交易的是少數股權代表的未來現金流量；另一個是控股權市場，它交易的是企業控股權代表的現金流量。獲得控股權不僅意味著取得了未來現金流量的索取權，而且同時獲得了改組企業的特權。因此可以說，二者是在兩個不同市場裡進行的交易，實際上代表著不同的資產。

從少數股權投資者來看，V（當前）是企業股票的公平市場價值，它是現有管理和戰略條件下企業能夠給股票投資人帶來的現金流量現值。而對於謀求控股權的投資者來說，V（新的）是企業股票的公平市場價值，它是企業進行重組、改進管理和經營戰略後可以為投資人帶來未來現金流量的現值。新的價值與當前價值的差額稱為控股權溢價，它是由於轉變控股權增加的價值：

$$控股權溢價 = V（新的）- V（當前）$$

總之，在進行企業市場價值分析時，首先要明確擬評估的對象是什麼，分清是企業的實體價值還是股權價值，是持續經營價值還是清算價值，是少數股權價值還是控股權價值。它們是不同的評估對象，有不同的評估目的，需要使用不同的方法進行評估。

任務二　市場價值財務指標分析

市場價值財務指標是分析企業財務狀況、股票價格、盈利能力和盈利分配狀況的重要指標，一般包括以下內容。

一、普通股每股收益

普通股每股收益（EPS）也稱普通股每股利潤或每股盈餘，是指公司淨利潤與流通在外（國內為發行在外）普通股的比值。該比率反應普通股的獲利水平，是衡量上市公司獲利能力的重要財務指標。其公式為：

每股收益 = 淨利潤÷年度末普通股數

1. 計算時應注意的問題

（1）對於編制合併報表的上市公司，應當以合併報表的數據為基礎計算。

（2）對於有優先股的上市公司，淨利潤應當扣除優先股股利，即：

每股收益 =（淨利潤-優先股股利）÷年度末普通股數

（3）如果年內股份總數有增減時，應當按照加權平均股數計算年末股份數（當月發行，當月不計，從下月開始計算）。

［例9-1］某企業2010年末發行在外的股數有1,000萬股，2011年5月8日增發了500萬股，2011年全年淨利潤1,000萬元，則：

每股收益 = 1,000÷［1,000 + 500×（7÷12）］= 0.77（元）

（4）根據《企業會計準則第30號——財務報表列報》的規定，企業應當在利潤表的下端列示每股收益，並且要求具有複雜資本結構的企業列示基本每股收益和稀釋每股收益。

而根據《企業會計準則第34號——每股收益》的規定：

發行在外普通股加權平均數 = 期初發行在外普通股股數 + 當期新發行普通股股數×已發行時間÷報告期時間-當期回購普通股股數×已回購時間÷報告期時間

項目九　市場價值分析

已發行時間、報告期時間和已回購時間一般按照天數計算；在不影響計算結果合理性的前提下，也可以採用簡化的計算方法。

稀釋性潛在普通股是指假設當期轉換為普通股會減少每股收益的潛在普通股。

潛在普通股是指賦予其持有者在報告期或以後期間享有取得普通股權利的一種金融工具或其他合同，包括可轉換公司債券、認股權證、股份期權等。

如果公司有可轉換債券、認股權證等可稀釋潛在普通股時，則可計算稀釋每股收益指標，但計算時應注意以下幾點：

①現階段，能夠稀釋每股收益指標的項目基本有可轉換債券和認股（認沽）權證。

②有關分母的計算，可按中國《企業會計準則第 34 號——每股收益》的相關要求。

③如果是可轉換債券，由於在轉換為股票前其利息已經在稅前列支，因此轉換後需要對其淨利進行調整，調整後分子的金額是：未稀釋前的淨利 + 已轉換的可轉換債券利息×（1−所得稅率）。

④如果是認股（認沽）權證，則分子無須調整。

2. 分析需注意的問題

（1）每股收益不反應股票所包含的風險。

（2）股票是一個「份額」概念，不同股票的每一股份在經濟上不等量，它們所含有的淨資產和市價不同，即換取每股收益的投入量不相同，限制了每股收益的公司之間的比較。

（3）每股收益多不一定意味著多分紅，還要看公司的股利分配政策。

（4）由於不同公司每股收益所含的淨資產和市價不同，即每股收益的流入量不同，因而限制了公司之間每股收益的比較，但股票價格與每股收益是有相關性的。

（5）股票投資是對公司未來的投資，而每股收益反應的是過去的情況，投資者應結合公司其他財務指標進行綜合分析和判斷。

（6）企業淨利潤中可能包含非正常經營性項目，而在計算確定每股收益時重點考慮的是正常經營性項目，故應將非正常經營性項目剔除，這樣計算的每股收益會更有利於投資者對公司業績進行評價。

（7）所謂簡單資本結構，是指股東權益中，或者只保持一種股本，即普通股；或者還包括那些非潛在稀釋收益的有價證券（如不可轉換優先股）。

(8) 所謂複雜資本結構，是指包括除上述簡單資本結構以外的所有資本結構。倘若企業發行了對每股收益有潛在勻減影響的可轉換債券、股票期權和認股權證，那麼其資本結構是複雜的。

二、市盈率

市盈率又稱價格盈餘比率或收益比率，是指在一個考察期（通常為 12 個月的時間）內，普通股每股市價與每股收益的比值。其計算公式為：

$$市盈率 = \frac{普通股每股市價}{普通股每股收益} \times 100\%$$

假定 HS 公司 2013 年普通股每股市價為 4.20 元，普通股每股收益為 0.42 元，則計算其市盈率為：

市盈率 = 普通股每股市價 ÷ 普通股每股收益 × 100% = 4.20 ÷ 0.42 × 100% = 10

市盈率指標是衡量上市公司盈利能力的重要指標之一。它反應了投資者對每 1 元淨利潤所願支付的價格，可以用來估計股票的投資報酬與風險。較高的市盈率說明上市公司具有潛在的成長能力。一般說來，市盈率越高，公眾對該公司的股票評價越高，但投資風險也會加大。分析市盈率時應結合其他相關指標，因為某些異常的原因也會引起股票市價的變動，造成市盈率的不正常變動。另外，該指標不應用於不同行業公司間的比較。

三、股利支付率

股利支付率也稱股利發放率，是指普通股每股股利與普通股每股收益的比率，用於衡量普通股的每股收益中有多少比例用於支付股利。股利支付率沒有一個固定標準，公司可以根據自己的股利政策及股東大會決議支付股利。其計算公式為：

$$股利支付率 = \frac{每股股利}{每股收益} \times 100\%$$

假定 HS 公司 2013 年普通股每股股利為 1.03 元，普通股每股收益為 0.42 元，則計算其股利支付率為：

股利支付率 = 每股股利 ÷ 每股收益 × 100% = 0.1 ÷ 0.42 × 100% = 23.81%

該指標反應了普通股股東從每股收益中實際分到了多少收益，即上市公司在當年

項目九　市場價值分析

的淨利潤中拿出多少利潤分配給股東。它比每股收益更能直接體現股東的收益。該比率越大，說明公司當期對股東發放的股利越多。股利支付率主要取決於公司的股利分配政策，其大小並不能表明企業的經濟效益。當然，企業的經營政策在很大程度上也影響著股利的分配政策。

四、市淨率

市盈率又稱價格盈餘比率或收益比率，是指在一個考察期（通常為 12 個月的時間）內，普通股每股市價與每股收益的比值。其計算公式為：

$$市盈率 = \frac{普通股每股市價}{普通股每股收益} \times 100\%$$

假定 HS 公司 2013 年普通股每股市價為 4.20 元，普通股每股收益為 0.42 元，則計算其市盈率為：

市盈率＝普通股每股市價÷普通股每股收益×100% ＝ 4.20÷0.42×100% ＝ 10

市盈率指標是衡量上市公司盈利能力的重要指標之一。它反應了投資者對每 1 元淨利潤所願支付的價格，可以用來估計股票的投資報酬與風險。較高的市盈率說明上市公司具有潛在的成長能力。一般說來，市盈率越高，公眾對該公司的股票評價越高，但投資風險也會加大。分析市盈率時應結合其他相關指標，因為某些異常的原因也會引起股票市價的變動，造成市盈率的不正常變動。另外，該指標不應用於不同行業公司間的比較。

五、其他市場價值分析指標

除以上幾項反應企業市場價值的指標外，通常報表分析者還會計算以下幾項反應企業市場價值的指標。

1. 每股帳面價值

每股帳面價值反應發行在外的每股普通股所代表的股東權益，故也稱每股淨資產或每股權益。其計算公式為：

每股帳面價值 ＝（股東權益總額－優先股權益）÷發行（流通）在外的普通股數

2. 每股營業現金淨流量

每股營業現金淨流量反應發行在外的每股普通股所能獲得的現金流量，通常應該

財務報表分析

高於每股收益，因為現金流量中沒有減去折舊等沒有實際導致現金流出的費用。其計算公式為：

每股營業現金淨流量 =（營業現金淨流量－優先股股利）÷發行（流通）在外的普通股數

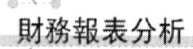

3. 現金股利保障倍數

現金股利保障倍數反應的是企業用營業現金淨流量支付現金股利的能力，該比例越高說明企業支付現金股利的能力越強。其計算公式為：

現金股利保障倍數 ＝ 每股營業現金淨流量÷每股現金股利

復習思考

1. 簡述會計價值與經濟價值、現時市場價值與公平市場價值之間的關係。
2. 簡述市盈率和市淨率指標的意義和計算方法。
3. 簡述每股營業現金淨流量和現金股利保障倍數指標的意義和計算方法。
4. 簡述市場價值分析指標之間的相互關係。

項目十　企業綜合財務分析

項目十　企業綜合財務分析

學習目標

1. 掌握杜邦財務分析框架中各財務比率之間的關係。
2. 理解杜邦財務分析框架的分析思路。
3. 運用杜邦財務分析框架進行綜合分析。
4. 掌握盈利因素驅動模型中各財務比率之間的關係。
5. 理解盈利因素驅動模型的分析思路。
6. 運用盈利因素驅動模型進行綜合分析。
7. 瞭解中央企業綜合績效評價的基本原理。

任務一　杜邦財務分析體系

一、杜邦財務分析體系的框架

1. 杜邦財務分析體系的數學推導和分拆

杜邦財務分析體系是由美國杜邦公司首創的，分析企業整體財務績效及其成因的

財務報表分析

綜合財務分析框架。杜邦財務分析體系以股東權益報酬率為邏輯起點，通過對股東權益報酬率公式的數學推導和分拆，列示出影響股東權益報酬率的各項財務因素及其關係。具體的公式分拆過程如下：

(1) 第一重分拆——股東權益報酬率的分拆。

$$股東權益報酬率 = \frac{淨利潤}{平均股東權益} = \frac{淨利潤}{資產平均總額} \times \frac{資產平均總額}{平均股東權益}$$

$$= 總資產報酬率 \times 權益乘數$$

(2) 第二重分拆——總資產報酬率的分拆。

$$總資產報酬率 = \frac{淨利潤}{資產平均總額} = \frac{淨利潤}{營業收入} \times \frac{營業收入}{資產平均總額}$$

$$= 銷售淨利率 \times 總資產週轉率$$

(3) 第三重分拆——淨利潤的分拆。

淨利潤＝營業收入－營業成本－銷售費用－管理費用
　　　　－財務費用±投資收益＋營業外收入－營業外支出－稅金……

(4) 第三重分拆——資產總額的分拆。

資產總額＝流動資產金額＋非流動資產金額
　　　　＝具體流動資產項目金額＋具體非流動資產項目金額

2. 杜邦財務分析體系的數學分拆框架

杜邦財務分析體系使用資產負債表和利潤表時，通常忽略少數股東權益和其他綜合收益的影響，這樣做可以簡化分析的數據處理，降低分析的成本。本書也採用這種思路。

二、杜邦財務分析體系的分析思路

在杜邦財務分析體系的框架圖中（見圖10-1），將股東權益報酬率分解為三個相互聯繫的主要比率：銷售淨利率、總資產週轉率和權益乘數。這三個主要比率代表為股東創造價值的三種能力，針對這三個財務比率的進一步分解和分析，可以幫助我們找到影響企業價值創造的原因。

(1) 企業業務的獲利能力。

銷售淨利率以及它的分解和進一步分析能夠揭示企業提供產品或服務等業務的獲利能力的高低和成因。企業的銷售利潤率由企業的營業收入、利潤構成，如果要進一

項目十　企業綜合財務分析

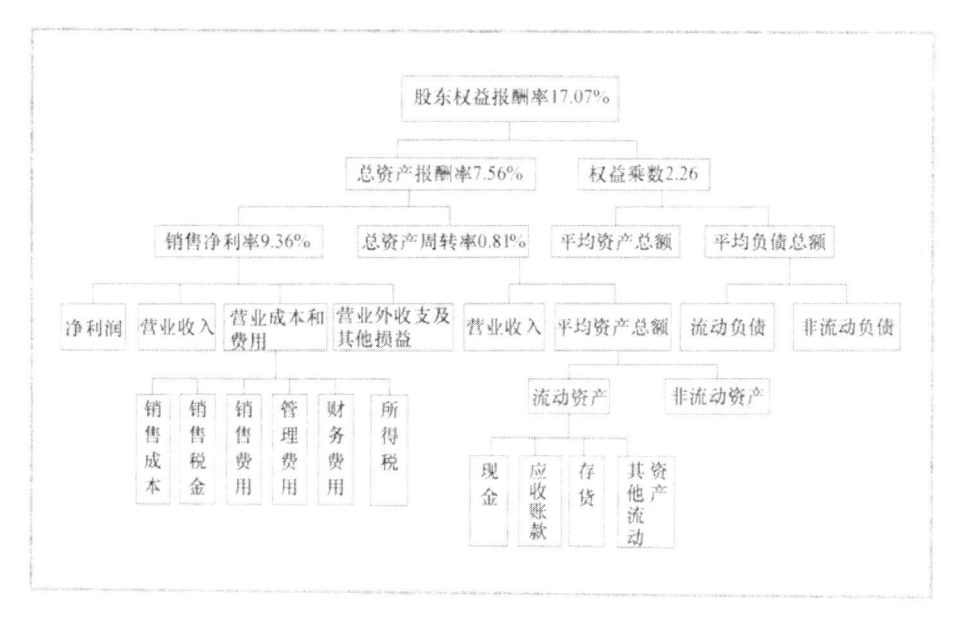

圖 10-1　杜邦財務分析框架圖

步分解，則可以分為銷售毛利率分析、銷售利潤率分析等。

企業的營業收入和銷售毛利率分析涉及企業的經營戰略及其實施情況。如產品市場行銷情況（銷售收入及其分解分析）、產品的壟斷性或產品生產的模式（銷售成本的相關分析）等；企業的營業利潤和銷售利潤率分析涉及企業產品營銷相關的投資策略和成本控製水平的分析，如銷售費用、管理費用的相關分析等。

通過對企業淨利潤構成的具體分析，還可以找到影響企業當期利潤的非經營性因素，如金融活動的損益、其他非經常性損益等對股東價值的影響。

（2）企業運用資產的效率。

總資產週轉率及其分解和進一步分析能夠解釋企業利用資產進行營利活動的效率。當企業的產品價格、銷量、獲利能力既定時，需要動用的資金越少，資金的使用效率就越高。

在對總資產週轉率進行進一步分解分析時，可運用各資產週轉率指標進行各項流動資產、長期資產的投資使用效率分析。

（3）企業利用債務資金放大經營成果的能力。

權益乘數反應企業利用債務資金的程度。

財務報表分析

$$權益乘數 = \frac{資產平均總額}{平均股東權益} = \frac{1}{1-平均資產負債率}$$

權益乘數越大，說明企業使用的債務資金比重越大，股東投入的資本在資產中所占的比重越小。

企業債務的利息具有相對固定的特點。一方面，只要企業經營活動創造的收益超過債務利息，股東權益報酬率就會高於經營活動的收益率，表現為股東權益報酬率高於總資產報酬率；另一方面，債務資金在企業經營業績上升的時候給企業股東帶來更大增幅的收益，在經營業績下降的時候給企業股東帶來更大幅度的收益下降甚至虧損，這種雙重作用就是債務的財務槓桿作用。財務槓桿放大經營成果變動的特點，可能會形成財務槓桿風險。企業的權益乘數越大，企業股東權益報酬率超出總資產報酬率的幅度就越大。

三、杜邦財務分析體系評價

杜邦財務分析體系對企業形成股東價值的因素進行了邏輯分解，為進一步分析企業創造股東價值的各項能力分析指出了明確的思路：

（1）從股東權益最大化的角度，提出將股東權益報酬率作為分析的出發點。

（2）通過層層分解的方式，為管理者指出提高股東權益報酬率的具體途徑——通過提高產品獲利能力提高銷售利潤率；通過提高資產管理水平提高總資產週轉率；通過提高負債比重，提高利用股東之外的其他社會資金的權益乘數。

（3）層層分解的方式，也為分析者探索企業業績的成因提供了分析的邏輯框架。

杜邦財務分析體系是企業財務報表分析可遵循的基本邏輯框架，也是一個經典的企業綜合財務分析模型，本書後面的盈利驅動因素模型，也是這一體系的演變和發展。

該框架產生於20世紀20年代工業企業為主的環境下，企業的主要活動是產品或服務的經營，沒有或很少有其他金融投資業務，因此該體系沒有對企業創造價值的不同活動進行更深入的分解。在當前金融活動繁多且複雜的企業中，杜邦財務分析法顯現出一定的局限性，如未對企業的金融活動進行區分，未對企業利用金融資產和金融負債的結果做單獨的分解分析，對金融業務較多的企業的評價會產生一定的分析誤差。這些正是盈利因素驅動模型對杜邦財務分析體系進行改進的出發點。

項目十　企業綜合財務分析

任務二　盈利因素驅動模型

一、盈利因素驅動模型概述

美國會計學家佩因曼教授在其基於會計收益基礎的企業剩餘收益估值模型中，使用了盈利因素驅動模型[①]。盈利因素驅動模型立足於企業不同性質業務在價值創造過程中發揮的不同作用，根據驅動股東權益報酬率的價值因素，對代表企業不同業務創造價值能力的指標進行分解，由此構成了企業的盈利因素驅動模型框架。

盈利因素驅動模型框架的邏輯起點也是股東權益報酬率，這與企業為股東創造價值的目標一致，也與杜邦財務分析體系的起點一致。但是，該模型在計算股東權益報酬率時，不僅考慮利潤表上的淨利潤，而且考慮直接計入股東權益的其他綜合收益，即該模型強調使用綜合收益替代淨利潤，強調股東收益的完整性。

二、盈利因素驅動模型的第一重分解

盈利因素驅動模型的第一重分解，是在業務分類的基礎上，將企業的股東權益報酬率分解為由經營活動產生的淨經營資產報酬率和由金融活動產生的財務槓桿作用程度。其公式為：

股東權益報酬率＝淨經營資產報酬率＋財務槓桿作用程度

淨經營資產報酬率（Return on Net Operating Assets，RNOA）越高，股東權益報酬率越大。財務槓桿作用程度則需要進一步進行分解分析才能瞭解。下面分別就兩個方面的影響做進一步的分解分析。

1. 淨經營資產報酬率

淨經營資產報酬率是衡量企業為經營業務進行的資產投資的獲利能力的指標。

[①] 盈利驅動模型為本教材對佩因曼教授在《財務報表分析與證券定價》一書中使用的分析框架的稱謂，原書未對該分析框架有明確稱謂。

$$淨經營資產報酬率 = \frac{經營利潤}{平均淨經營資產} \times 100\%$$

淨經營資產報酬率越高，說明企業經營活動投資的獲利能力越強。

淨經營資產報酬率排除了金融投資和有償融資活動對企業業績的影響，集中體現企業具有持久性和價值創造性的經營活動業績，對企業價值創造具有更加準確的解釋力和預測力。

2. 財務槓桿作用程度分解

盈利因素驅動模型通過推導認為，財務槓桿是否能在淨經營資產報酬率基礎上提升股東權益報酬率，依賴於兩個因素：一是利用金融負債的程度，即財務槓桿（Financial Leverage）；二是金融負債導致的財務成本的高低，即經營差異率（Spread）。因此財務槓桿作用程度可以分解如下：

$$財務槓桿作用程度 = 財務槓桿 \times 經營差異率$$

其中，

$$財務槓桿 = \frac{平均淨金融負債（或平均淨金融資產）}{平均股東權益}$$

$$經營差異率 = 淨經營資產報酬率 - 淨金融成本率$$

其中，淨金融成本率計算公式如下：

$$\text{淨金融成本率（或淨金融收益率）} = \frac{\text{淨金融成本（或淨金融收益）}}{\text{平均淨金融負債（或平均淨金融資產）}} \times 100\%$$

當企業經營活動產生的報酬率超過融資活動的成本率時，財務槓桿越大，越能夠提高股東權益報酬率；這種差異越大，財務槓桿對股東權益報酬率的貢獻越大。如果淨經營資產報酬率低於淨金融成本率，財務槓桿就會降低股東權益報酬率，使之低於淨經營資產報酬率。

三、盈利因素驅動模型的第二重分解

盈利因素驅動模型的第二重分解，是將淨經營資產報酬率進一步分解，發現企業經營獲利的深層次驅動因素。

$$淨經營資產報酬率 = 修正的銷售淨利率 \times 淨經營資產週轉率$$

1. 修正的銷售淨利率

針對目前很多企業在經營活動之外涉及金融性業務的普遍現象，有的分析者從價值創造的可預測性出發，提出將企業金融業務的損益剝離出經營業務的盈利分析，以

項目十　企業綜合財務分析

便將分析重點放在對企業未來創造價值的關鍵——經營活動盈利能力的分析上。從這個觀點出發，盈利因素驅動模型提出了修正的銷售淨利率指標。修正的銷售淨利率反應了企業在經營過程中為股東創造利潤的能力。

$$修正的銷售淨利率 = \frac{經營利潤}{營業收入} \times 100\%$$

指標計算要點：

（1）經營利潤的內涵。

目前中國企業會計報表上的營業利潤不是此處使用的經營利潤概念。此處的經營利潤強調企業的經營過程及其最終結果，因此需要排除非經營活動的費用和損益。經營利潤的形成過程如下：

經營利潤＝營業收入－營業成本－管理費用－銷售費用－經營性財務費用＋經營性的淨投資收益＋經營性的營業外收入－經營性的營業外支出－經營所得稅＋其他經營性綜合收益

其他經營性綜合收益是指企業由於會計制度的要求，尚未計入當期利潤的收益。但在性質上，它與企業的其他利潤項目並沒有區別。要全面分析企業當期的收益狀況和收益能力，這些綜合收益應該與當期利潤一視同仁。

（2）經營利潤的計算。

經營利潤的數據可以根據其定義從利潤表中分析取得，也可以根據其定義，通過反向計算取得。由於企業的金融業務通常較少，選擇反向計算可以使計算過程更簡單。

經營利潤＝淨利潤＋(金融性財務費用－金融性投資收益－公允價值變動損益)
　　　　　×(1－所得稅稅率)＋其他綜合收益

2. 淨經營資產週轉率

企業經營資產投資所需資金中相當一部分可以由商業信用產生的應付帳款和應付票據供應。如果將企業在金融市場上借款形成的負債稱為金融負債，則企業經營活動通過商業信用形成的負債稱為經營負債。投資者需要為企業經營投入的資本只是經營資產減去經營負債的部分，即淨經營資產的金額。淨經營資產週轉率衡量投資者為企業經營而實際投入的資本的使用效率。

$$淨經營資產週轉率（週轉次數）＝\frac{營業收入}{平均淨經營資產}$$

財務報表分析

淨經營資產週轉率越高，說明包括金融負債和股東資金在內的資本的營運效率越高。

四、盈利因素驅動模型的第三重分解

盈利因素驅動模型的第三重分解，是將企業銷售淨利率的驅動因素區分為核心業務和非核心業務，並進一步針對兩類業務的銷售淨利率進行分解。

核心業務的分析通常按照配比關係進行，分項列示各項費用支出佔營業收入的比重，分析者可以據此分析其中的因果關係和效果；非核心業務的分析主要關注最終業績成果對經營利潤的影響，其自身的業績形成動因是分析的關鍵，非核心業務的績效成果與營業收入之間的比值並不重要。

核心業務和非核心業務的銷售淨利率分解如下：

$$\text{核心業務銷售淨利率} = \text{銷售毛利率} - \text{經營費用率} = \frac{\text{銷售毛利}}{\text{營業收入}} - \frac{\text{銷售費用}}{\text{營業收入}} - \frac{\text{管理費用}}{\text{營業收入}} - \frac{\text{資產減值損失}}{\text{營業收入}} - \frac{\text{營業稅金及附加} + \text{所得稅}}{\text{營業收入}}$$

$$\text{非核心業務銷售淨利率} = \frac{\text{長期股權投資收益}}{\text{營業收入}} + \frac{\text{營業外收支}}{\text{營業收入}} + \frac{\text{其他非核心業務損益}}{\text{營業收入}}$$

五、盈利因素驅動模型的特點

1. 區分企業的經營活動與金融活動

盈利因素驅動模型的最大特點是區分了企業的經營活動和金融活動。這種區分使得分析者能夠專注於企業的價值創造過程分析，排除其他融資活動和投機活動的干擾，把握企業的核心能力分析。

2. 財務比率構造嚴謹

由於區分了對價值創造作用不同的業務，各類指標能夠專注於自身所體現的業務特點，淨經營資產報酬率和淨經營資產週轉率完全針對企業的經營績效和效率，財務槓桿和淨金融成本率則專注於資本結構的風險程度，因此能夠更準確地體現各自影響價值的能力。

任務三　綜合財務評價體系

一、綜合財務評價體系的原理和基本步驟

綜合財務評價體系通過選擇多方面的財務指標，根據一定的方法進行評分和匯總，最終得到綜合財務評價總分。這一綜合評價方法最早由美國學者亞歷山大·沃爾提出，最初的模型方法稱為沃爾評分法，後來的很多綜合財務評價體系都是在此基礎上發展起來的。這種評價方法的基本步驟如下：

（1）選擇財務評價指標。

評價所用的具體指標可根據企業的行業特徵、評價目的選取。通常包括以下幾個方面的指標：盈利能力指標、營運能力指標、償債能力指標、經營增長指標。如果評價目標中有非財務目標。還需要增加非財務指標。包含非財務指標對企業績效進行全面評價的體系，稱為企業綜合績效評價。

（2）確定各項指標在評分中的權重。

按對各類指標重要程度的理解，確定各項指標的評分值，所有指標的評分值之和應該為100。

（3）確定各指標的標準值。

標準值是給指標打分的依據，通過將被評價指標的實際值與標準值相比較，可以得到該項指標的得分。標準值高低的選取與比較對象有關，如果按行業進行比較打分，則行業的指標數據為標準值的選取依據；如果按企業規模進行考核比較，則企業規模的指標數據為標準值的選取依據。

（4）計算各項指標的實際得分。

將被評價指標的實際值與標準值進行對比，通過實際值與標準值的對比計算，發現實際值偏離標準值的程度；按照事先設定的偏離得分計算方法，計算得到各指標的實際得分。不同企業、不同指標偏離標準值的程度不同，因此會得到不同的得分。

（5）按照事先設定的指標在評分體系中的權重與指標的實際得分，計算企業的綜合得分，並依據該得分，對企業整體的財務業績狀況進行最終的評價，如劃分為優、

良、中、差等。

二、國資委的中央企業綜合績效評價

在企業綜合財務評價體系基礎上加入非財務指標的綜合評價，即構成了完整的企業綜合績效評價體系。中國國務院國有資產監督管理委員會根據沃爾評分法的原理，設計實施了中央企業綜合績效評價體系，其中財務指標得分占評價體系的70%；非財務管理績效指標占評價體系的30%。

2006年，國務院國有資產監督管理委員會印發了《中央企業綜合績效評價實施細則》，對中央企業進行綜合績效評價。儘管其規定的企業綜合績效評價方法只在中央企業實施，但是其原理和具體操作可以成為其他企業進行綜合評價的樣板。

1. 中央企業綜合績效評價體系的構成

國資委的中央企業綜合績效評價體系包括兩個部分：一是企業財務績效的定量評價，即企業綜合財務指標評價，財務績效評價得分在評價體系中占70%的權重；二是管理績效評價，使用定性評價打分，通過採取專家評議的方式，對企業一定期間的經營管理水平進行定性分析與綜合評判，管理績效評價得分在評價體系中占30%的權重。

2. 企業綜合績效指標的選擇

（1）財務績效定量評價指標的選擇。

財務績效定量評價是指對企業一定期間的盈利能力、資產質量、債務風險和經營增長四個方面進行定量對比分析和評判。包括以下幾類財務績效評價指標：

①企業盈利能力指標。

企業盈利能力指標包括有關資本及資產報酬水平、成本費用控制水平和經營現金流量狀況等方面的財務指標，綜合反應企業投入產出水平以及盈利質量和現金保障狀況。

②企業資產質量和營運效率指標。

企業資產質量和營運效率指標包括有關資產週轉速度、資產運行狀態、資產結構以及資產效率等方面的財務指標，綜合反應企業所占用經濟資源的利用效率、資產管理水平與資產的安全性。

③企業償債能力指標。

企業償債能力指標包括反應資產負債結構、或有負債情況、現金償債能力等方面的財務指標，綜合反應企業的債務水平、償債能力及其面臨的債務風險。

④企業經營增長指標。

企業經營增長指標包括有關反應銷售增長、資本累積、效益變化以及技術投入等

項目十 企業綜合財務分析

方面的財務指標,綜合反應企業的經營增長水平及發展後勁。

財務績效定量評價指標依據各項指標的功能作用劃分為基本指標和修正指標。基本指標反應企業一定期間財務績效的主要方面,並得出企業財務績效定量評價的基本結果;修正指標是根據財務指標的差異性和互補性,對基本指標的評價結果做進一步的補充和矯正。

(2) 管理績效定性評價指標的選擇。

管理績效定性評價是指在企業財務績效定量評價的基礎上,通過採取專家評議的方式,對企業一定期間的經營管理水平進行定性分析與綜合評判。

管理績效定性評價指標包括企業發展戰略的確立與執行、經營決策、發展創新、風險控制、基礎管理、人力資源、行業影響、社會貢獻等方面。

儘管財務績效和管理績效的得分在總分中分別占 70% 和 30% 的權重,但是在評價時,財務績效和管理績效各自權數和均設置為 100 分。企業財務績效指標、管理績效指標的具體選擇及其權重見表 10-1。

表 10-1　企業綜合績效指標及其權數

評價內容與權數		財務績效 (70%)				管理績效 (30%)	
		基本指標	權數	修正指標	權數	評價指標	權數
盈利能力狀況	34	淨資產收益率	20	銷售(營業)利潤率	10		
				盈餘現金保障倍數	9		
		總資產報酬率	14	成本費用利潤率	8		
				資本收益率	7	戰略管理	18
資產質量狀況	22	總資產週轉率	10	不良資產比率	9	發展創新	15
				流動資產週轉率	7	經營決策	16
		應收帳款週轉率	12	資產現金回收率	6	風險控製	13
債務風險狀況	22	資產負債率	12	速動比率	6	基礎管理	14
				現金流動負債比率	6	人力資源	8
		已獲利息倍數	10	帶息負債比率	5	行業影響	8
				或有負債比率	5	社會貢獻	8
經營增長狀況	22	銷售(營業)增長率	12	銷售(營業)利潤增長率	10		
		資本保值增值率	10	總資產增長率	7		
				技術投入比率	5		

3. 企業綜合績效評價標準

企業綜合績效評價標準分為財務績效定量評價標準和管理績效定性評價標準。

財務績效定量評價標準包括國內行業標準和國際行業標準。按規定，大型企業集團在採取國內標準進行評價的同時，還應當採用國際標準進行評價，開展國際先進水平的對標活動。

（1）國內行業標準根據國內企業年度財務和經營管理統計數據，運用數理統計方法，分年度、分行業、分規模統一測算並發布。該標準進一步分為優秀、良好、平均、較低和較差五個級別，每個級別對應不同的標準系數。較差值之下的級別，其標準系數為0。

例如，中國2011年度石油化工行業不同規模企業淨資產收益率評價標準如表10-2所示。

表10-2　2011年度石油化工行業不同規模企業淨資產收益率評價標準

	優秀值	良好值	平均值	較低值	較差值
標準系數	1.0	0.8	0.6	0.4	0.2
大型企業	16.4	12.5	9.5	0.5	-0.2
中型企業	10.2	5.8	3.2	1.6	-4.3
小型企業	10.8	8.6	6.1	3.7	-1.6

資料來源：根據國務院國資委財務監督與考核評價局《企業績效評價標準值2011》（經濟科學出版社，2011）的相關數據整理

（2）國際行業標準根據居於行業國際領先地位的大型企業相關財務指標實際值，或者根據同類型企業相關財務指標的先進值，在剔除會計核算差異後統一測算並發布。

例如，2011年度幾個行業的淨資產收益率績效評價國際標準值如表10-3所示。

表10-3　2011年度幾個行業的淨資產收益率績效評價國際標準值

	優秀值	良好值	平均值	較低值	較差值
標準系數	1.0	0.8	0.6	0.4	0.2
石油石化工業	12.0	6.6	1.2	-13.3	-22.2
黑色金屬冶煉業	12.4	7.3	2.3	-5.6	-13.5
有色金屬業	10.1	5.8	1.5	-9.2	-19.9
通信業	22.7	15.4	8.1	-2.5	-13.2
商貿業	15.8	11.1	6.4	1.6	-3.3

資料來源：根據國務院國資委財務監督與考核評價局《企業績效評價標準值2011》（經濟科學出

項目十　企業綜合財務分析

版社，2011）的相關數據整理

管理績效定性評價標準根據評價內容，結合企業經營管理的實際水平和出資人的監管要求，統一制定和發布，並劃分為優、良、中、低、差五個檔次。管理績效定性評價標準不進行行業劃分，僅提供給評議專家參考。

4. 企業綜合績效評價計分方法

企業綜合績效評價計分分為財務績效定量評價指標計分和管理績效定性評價指標計分兩個部分。

財務績效定量評價指標計分是將基本評價指標實際值對照行業評價標準值，按照規定的計分公式計算各項基本指標得分。

管理績效定性評價指標計分一般通過專家評議打分形式完成。評議專家應當在充分瞭解企業管理績效狀況的基礎上，對照評價參考標準，給出評價分數。

對企業績效評價需要進行財務績效和管理績效的綜合計分時，只要將其財務績效總分與管理績效評價總分按照各自的權重進行加權匯總，即可得到該企業的績效總得分。

復習思考

1. 杜邦財務分析法與盈利驅動因素分析法在分析思路上的異同點有哪些？
2. 使用資產負債率作為企業財務槓桿的指示器，存在哪些問題？
3. 某上市公司剛剛增發了 2 億元的股票，由此年末資產負債表上出現了大額貨幣資金。在盈利驅動因素模型中，這些貨幣資金應如何分類？
4. 當企業存在淨金融資產時，如何評價淨金融資產對企業股東權益報酬率的影響？
5. 分析金融資產、金融負債和金融業務給企業帶來的利潤或成本的歷史數據，對於預測企業未來的金融利潤或成本是否有用？
6. 企業綜合財務評價體系與企業綜合財務分析體系有什麼聯繫與區別？

財務報表分析

項目十一 現金流量表閱讀與分析

學習目標

1. 瞭解現金流量表分析的含義。
2. 掌握現金流量的增減變動分析、結構分析的內容和方法。
3. 明確現金流量的各項指標分析方法。
4. 理解財務比率分析的內容和方法。

現金流量表是反應企業一定期間現金及現金等價物流入和流出信息的財務報表，是企業財務報表三大主表之一。通過揭示企業獲取現金及現金等價物的能力，可以評價企業經營活動及其成果的質量；通過現金及現金等價物流入和流出結構的變化，可以評價和預測企業的財務狀況。在市場經濟中，現金與現金流量和一個企業的生存、發展、壯大息息相關，現金至上的觀念名副其實。但是，要真正發揮現金流量表的作用，還需要對現金流量有深入的認識並掌握一定的分析技巧。

任務一 現金流量表分析概述

一、現金及現金流量表

現金流量表是反應企業在一定會計期間現金和現金等價物流入和流出的報表。企

業現金流量可以分為經營活動產生的現金流量、投資活動產生的現金流量和籌資活動產生的現金流量。

現金是指企業庫存現金及可以隨時用於支付的存款，包括庫存現金、銀行存款和其他貨幣資金等。不能隨時用於支付的存款不屬於現金。

現金等價物是指企業持有的期限短、流動性強、易於轉換為已知金額現金、價值變動風險很小的投資。期限短，一般是指從購買日起 3 個月內到期。現金等價物通常包括 3 個月內到期的債券投資等。權益性投資變現的金額通常不確定，因而不屬於現金等價物。企業應當根據具體情況，確定現金等價物的範圍，一經確定，不得隨意變更。

現金流量表有助於會計報表使用者瞭解和評價企業獲取現金和現金等價物的能力，從而有助於評價企業支付能力、償債能力，有助於預測企業未來的現金流量，有助於分析企業收益質量及影響現金流量的因素。

二、現金流量的分類

企業產生的現金流量分為以下 3 類。

（一）經營活動產生的現金流量

經營活動是指企業投資活動和籌資活動以外的所有交易和事項。經營活動產生的現金流量主要包括銷售商品或提供勞務、購買商品、接受勞務、支付工資和交納稅款等流入及流出的現金和現金等價物。

（二）投資活動產生的現金流量

投資活動是指企業長期資產的購建和不包括在現金等價物範圍內的投資及其處置活動。投資活動產生的現金流量主要包括購建固定資產、處置子公司和其他營業單位等流入及流出的現金和現金等價物。

（三）籌資活動產生的現金流量

籌資活動是指導致企業資本及債務規模和構成發生變化的活動。籌資活動產生的現金流量主要包括吸收投資、發行股票、分配利潤、發行債券、償還債務等流入和流

出的現金及現金等價物。償付應付帳款、應付票據等商業應付款等屬於經營活動，不屬於籌資活動。

三、現金流量表的結構

現金流量表採用報告式結構，分類反應經營活動產生的現金流量、投資活動產生的現金流量和籌資活動產生的現金流量，最後匯總反應企業某一期間現金及現金等價物淨增加額。中國企業現金流量表的格式如表 11-1 所示。

表 11-1　現金流量表

編製單位：　　　　　　　　　　　年　月　　　　　　　　　　　單位：元

項目	本期金額	上期金額
一、經營活動產生的現金流量		
銷售商品、提供勞務收到的現金		
收到的稅費返還		
收到其他與經營活動有關的現金		
經營活動現金流入小計		
購買商品、接受勞務支付的現金		
支付給職工及為職工支付的現金		
支付的各項稅費		
支付其他與經營活動有關的現金		
經營活動現金流出小計		
經營活動產生的現金流量淨額		
二、投資活動產生的現金流量		
收回投資收到的現金		
取得投資收益收到的現金		
處置固定資產、無形資產和其他長期資產收回的現金淨額		
處置子公司及其他營業單位收到的現金淨額		
收到其他與投資活動有關的現金		
投資活動現金流入小計		
購建固定資產、無形資產和其他長期資產支付的現金		
投資支付的現金		
取得子公司及其他營業單位支付的現金淨額		

項目十一　現金流量表閱讀與分析

表 11-1（續）

項目	本期金額	上期金額
支付其他與投資活動有關的現金		
投資活動現金流出小計		
投資活動產生的現金流量淨額		
三、籌資活動產生的現金流量		
吸收投資收到的現金		
取得借款收到的現金		
收到其他與籌資活動有關的現金		
籌資活動現金流入小計		
償還債務支付的現金		
分配股利、利潤或償付利息支付的現金		
支付其他與籌資活動有關的現金		
籌資活動現金流出小計		
籌資活動產生的現金流量淨額		
四、匯率變動對現金及現金等價物的影響		
五、現金及現金等價物淨增加額		
加：期初現金及現金等價物餘額		
六、期末現金及現金等價物餘額		

企業應當採用直接法列示經營活動現金流量。在具體編制時，可以採用工作底稿法或T型帳戶法，也可以根據有關科目記錄分析填列。

四、現金流量表分析的內容

現金流量表反應了企業在一定時期內現金流入、流出和淨流量數額。通過對現金流量表的分析，可以動態瞭解企業的現金變動情況和變動原因，判斷企業獲取現金的能力；可以評價企業盈利的質量，有助於瞭解企業的支付能力、償債能力與營運能力；可以進一步預測企業在未來期間的現金流量。

現金流量表分析的內容有以下幾項。

（1）現金流量增減變動分析。

（2）現金流量結構分析。

（3）現金流量表項目分析。

(4) 現金流量表比率分析。

五、報表分析實例

HS 公司現金流量表如表 11-2 所示，現金和現金等價物的構成表如表 11-3 所示。

表 11-2　現金流量表

編製單位：HS 公司　　　　　　　　　2013 年度　　　　　　　　　單位：萬元

項目	本期金額	上期金額
一、經營活動產生的現金流量		
銷售商品、提供勞務收到的現金	101,952	97,963
收到的稅費返還	5,277	4,944
收到的其他與經營活動有關的現金	4,260	16,338
經營活動現金流入小計	111,489	119,245
購買商品、接受勞務支付的現金	19,191	34,808
支付給職工及為職工支付的現金	32,415	24,241
支付的各項稅費	13,757	10,502
支付的其他與經營活動有關的現金	26,517	32,355
經營活動現金流出小計	91,880	101,906
經營活動產生的現金流量淨額	19,609	17,339
二、投資活動產生的現金流量		
收回投資所收到的現金	168,146	17,957
取得投資收益所收到的現金	227	603
處置固定資產、無形資產和其他長期資產所收回的現金淨額	46	3,536
處置子公司及其他營業單位收到的現金淨額		
收到的其他與投資活動有關的現金		
投資活動現金流入小計	168,419	22,096
購建固定資產、無形資產和其他長期資產所支付的現金	2,532	1,188
投資所支付的現金	162,520	50,756
支付的其他與投資活動有關的現金	3,200	2,636
投資活動現金流出小計	168,252	58,778
投資活動產生的現金流量淨額	167	-36,682
三、籌資活動產生的現金流量		
吸收投資收到的現金	2,650	

項目十一　現金流量表閱讀與分析

表 11-2（續）

項目	本期金額	上期金額
取得借款收到的現金		25,065
發行債券收到的現金		
收到其他與籌資活動有關的現金	1,853	0
籌資活動現金流入小計	4,503	25,065
償還債務支付的現金	5,525	10,700
分配股利、利潤或償付利息所支付的現金	5,191	3,046
其中：子公司支付給少數股東的股利、利潤	1,170	0
支付其他與籌資活動有關的現金	42	1,853
籌資活動現金流出小計	10,758	15,599
籌資活動產生的現金流量淨額	-6,255	9,466
四、匯率變動對現金及現金等價物的影響		
匯率變動對現金及現金等價物的影響	-47	31
五、現金及現金等價物淨增加額		
現金及現金等價物淨增加額	13,474	-9,846
加：期初現金及現金等價物餘額	39,261	49,108
期末現金及現金等價物餘額	52,736	39,261

表 11-3　HS 公司現金和現金等價物的構成表

單位：元

項目	期末數	期初數
一、現金	527,355,069.09	392,612,167.49
其中：庫存現金	408,785.31	349,811.98
可隨時用於支付的銀行存款	509,472,306.98	374,721,886.17
可隨時用於支付的其他貨幣資金	17,473,976.80	17,540,469.34
可用於支付的存放中央銀行款項		
存放同業款項		
拆放同業款項		
二、現金等價物		
其中：3 個月內到期的債券投資		
三、期末現金及現金等價物餘額	527,355,069.09	392,612,167.49

現金流量或補充資料和不屬於現金及現金等價物的貨幣資金情況的說明如下。

2013年度現金流量表中期末現金及現金等價物餘額為527,355,069.09元，資產負債表中貨幣資金期末數為528,763,271.09元，差額系現金流量表現金及現金等價物餘額扣除了不符合現金及現金等價物標準的3個月以上到期的保函保證金1,408,202.00元。

2012年度現金流量表中期末現金及現金等價物餘額為392,612,167.49元，資產負債表中貨幣資金期末數為411,451,033.65元，差額系現金流量表現金及現金等價物餘額扣除了不符合現金及現金等價物標準的3個月以上到期的保函保證金308,143.53元及貸款保證金18,530,722.63元。

任務二　現金流量增減變動分析

現金流量的增減變動分析主要是通過編制現金流量的水平分析表，計算本期各現金流入、流出項目與上期各現金流入、流出項目的差額，瞭解企業的現金收入、現金支出及其餘額的增減變動情況，分析差異形成的原因，瞭解企業財務狀況的變動趨勢，為決策提供依據。

一、編制現金流量水平分析表

以HS公司為例，編制現金流量水平分析表如表11-4所示。

表11-4　HS公司現金流量水平分析表

單位：萬元

項目	本期金額	上期金額	增減額	增減比例/(%)
一、經營活動產生的現金流量				
銷售商品、提供勞務收到的現金	101,952	97,963	3,989	4.07
收到的稅費返還	5,277	4,944	333	6.74
收到的其他與經營活動有關的現金	4,260	16,338	-12,078	-73.93

項目十一 現金流量表閱讀與分析

表 11-4（續）

項目	本期金額	上期金額	增減額	增減比例/（%）
經營活動現金流入小計	111,489	119,245	-7,756	-6.50
購買商品、接受勞務支付的現金	19,191	34,808	-15,617	-44.87
支付給職工及為職工支付的現金	32,415	24,241	8,174	33.72
支付的各項稅費	13,757	10,502	3,255	30.99
支付的其他與經營活動有關的現金	26,517	32,355	-5,838	-18.04
經營活動現金流出小計	91,880	101,906	-10,026	-9.84
經營活動產生的現金流量淨額	19,609	17,339	2,270	13.09
二、投資活動產生的現金流量				
收回投資所收到的現金	168,146	17,957	150,189	836.38
取得投資收益所收到的現金	227	603	-376	-62.35
處置固定資產、無形資產和其他長期資產所收回的現金淨額	46	3,536	-3,490	-98.70
收到的其他與投資活動有關的現金				
投資活動現金流入小計	168,419	22,096	146,323	662.21
購建固定資產、無形資產和其他長期資產所支付的現金	2,532	1,188	1,344	113.13
投資所支付的現金	162,520	50,756	111,764	220.20
支付的其他與投資活動有關的現金	3,200	2,636	564	21.40
投資活動現金流出小計	168,252	58,778	109,474	186.25
投資活動產生的現金流量淨額	167	-36,682	36,849	-100.46
三、籌資活動產生的現金流量				
吸收投資收到的現金	2,650	0	2,650	
取得借款收到的現金		25,065	-25,065	-100.00
發行債券收到的現金				
收到其他與籌資活動有關的現金	1,853	0	1,853	
籌資活動現金流入小計	4,503	25,065	-20,562	-82.03
償還債務支付的現金	5,525	10,700	-5,175	-48.36
分配股利、利潤或償付利息所支付的現金	5,191	3,046	2,145	70.42
支付其他與籌資活動有關的現金	42	1,853	-1,811	-97.73

財務報表分析

表 11-4（續）

項目	本期金額	上期金額	增減額	增減比例/（%）
籌資活動現金流出小計	10,758	15,599	-4,841	-31.03
籌資活動產生的現金流量淨額	-6,255	9,466	-15,721	-166.08
四、匯率變動對現金及現金等價物的影響				
匯率變動對現金及現金等價物的影響	-47	31	-78	-251.61
五、現金及現金等價物淨增加額				
現金及現金等價物淨增加額	13,474	-9,846	23,320	-236.85
加：期初現金及現金等價物餘額	39,261	49,108	-9,847	-20.05
期末現金及現金等價物餘額	52,736	39,261	13,475	34.32

二、現金流量增減變動情況分析

從表 11-4 可以看出，HS 公司 2013 年淨現金流量比 2012 年增加 23,320 萬元。經營活動、投資活動和籌資活動產生的淨現金流量較上年的變動額分別是 2,270 萬元、36,849 萬元和-15,721 萬元。

經營活動淨現金流量比上年增長了 2,270 萬元，增長率為 13.09%。經營活動現金流入量與流出量分別比上年減少了 7,756 萬元和 10,026 萬元，降低幅度分別為 6.5% 和 9.84%，主要表現為購買商品接受勞務支付的現金減少 15,617 萬元，降幅為 44.87%；支付的其他與經營活動有關的現金減少 5,838 萬元，降幅為 18.04%；雖然收到的其他與經營活動有關的現金減少了 12,078 萬元，降幅高達 73.93%，但銷售商品提供勞務收到的現金略有增長，由於經營活動現金流出的降低大大超過現金流入的降低，最終經營活動現金淨流量仍有較大幅度的增加。

投資活動現金淨流量比上年增長了 36,849 萬元，主要是收回投資所收到的現金大幅度增加所致，本年度投資所支付的現金也較上年有較大幅度上升。

籌資活動現金淨流量比上年減少 15,721 萬元，主要是因為本年度沒有通過取得借款收到現金。

項目十一　現金流量表閱讀與分析

任務三　現金流量結構分析

現金流量結構是指各種現金流入量、各種現金流出量及淨現金流量在企業總的現金流入量、總的現金流出量和全部淨現金流量中的比例關係。在進行現金流量結構分析時，可把現金流量結構分為現金流入結構、現金流出結構和淨現金流量結構，分析的方法採用垂直分析法。

一、現金流入結構分析

現金流入結構分析反應企業全部現金流入中，經營活動、投資活動和籌資活動分別所占的比例。現金流入結構分析可以明確企業的現金究竟來自何方，增加現金流入應在哪些方面採取措施。

以 HS 公司現金流量表資料為基礎，編制現金流入結構分析表，如表 11-5 所示。

表 11-5　HS 公司現金流入結構分析表

單位：萬元

項目	金額	結構比例/(%)
一、經營活動現金流入小計	111,489	39.20
銷售商品、提供勞務收到的現金	101,952	35.85
收到的稅費返還	5,277	1.86
收到的其他與經營活動有關的現金	4,260	1.50
二、投資活動現金流入小計	168,419	59.22
收回投資所收到的現金	168,146	59.12
取得投資收益所收到的現金	227	0.08
處置固定資產、無形資產和其他長期資產所收回的現金淨額	46	0.02
收到的其他與投資活動有關的現金	0	0

143

財務報表分析

表 11-5（續）

項目	金額	結構比例/(%)
三、籌資活動現金流入小計	4,503	1.58
吸收投資收到的現金	2,650	0.93
取得借款收到的現金		0
發行債券收到的現金		0
收到其他與籌資活動有關的現金	1,853	0.65
現金流入合計	284,411	100.00

從表 11-5 中可以看出，HS 公司 2013 年現金流入總量約為 284,411 萬元。其中，經營活動現金流入量、投資活動現金流入量和籌資活動現金流入量所占比重分別為 39.20%、59.12% 和 1.58%。企業的現金流入量主要由投資活動和經營活動產生。2013 年度，企業收回投資收到的現金、銷售商品、提供勞務收到的現金分別占各類現金流入量的絕大部分比重。籌資活動現金流入量比重極低，說明企業經營活動、投資活動創造的現金流量已經形成了較充足的現金資源可供支配。

二、現金流出結構分析

現金流出結構分析反應企業各項現金流出中，經營活動、投資活動和籌資活動分別所占的比例，以及在這 3 種活動中，不同渠道流出的現金在該類別現金流出量和總現金流出量中所占的比例。現金流出結構可以表明企業的現金究竟流向何方，從哪些方面可以節約開支等。以 HS 公司現金流量表資料為基礎，編制現金流出結構分析表，如表 11-6 所示。

表 11-6　HS 公司現金流出結構分析表

單位：萬元

項目	本期金額	結構比例/(%)
一、經營活動現金流出小計	91,880	33.92
購買商品、接受勞務支付的現金	19,191	7.08
支付給職工及為職工支付的現金	32,415	11.97
支付的各項稅費	13,757	5.08
支付的其他與經營活動有關的現金	26,517	9.79

項目十一　現金流量表閱讀與分析

表 11-6（續）

項目	本期金額	結構比例/（％）
二、投資活動現金流出小計	168,252	62.11
購建固定資產、無形資產和其他長期資產所支付的現金	2,532	0.93
投資所支付的現金	162,520	59.99
支付的其他與投資活動有關的現金	3,200	1.18
三、籌資活動現金流出小計	10,758	3.97
償還債務支付的現金	5,525	2.04
分配股利、利潤或償付利息所支付的現金	5,191	1.92
支付其他與籌資活動有關的現金	42	0.02
現金流出合計	270,890	100.00

　　HS 公司 2013 年現金流出總量為 270,890 萬元。其中，經營活動現金流出量、投資活動現金流出量和籌資活動現金流出量所占比重分別為 33.92％、62.11％和 3.97％。在現金流出總量中，經營活動、投資活動現金流出量所占的比重大。其中，在投資活動中，投資所支付的現金占比近 60％，說明企業投資擴張意圖明顯。

　　由於 HS 公司為軟件產業企業，區別於一般的製造企業，現金流入、流出結構有不同的特點。在一般的製造企業，經營活動流入的現金和經營活動流出的現金往往占較大的比重，特別是一個單一經營、專心於某一特定經營業務、投資謹慎、籌資政策保守、不願意舉債經營的企業，經營活動的流入、流出結構比例尤其高。

三、淨現金流量結構分析

　　淨現金流量結構反應企業經營活動、投資活動及籌資活動的淨現金流量占企業全部現金流量的比例。通過分析，可以明確反應出本期的淨現金流量主要由哪類活動產生，說明淨現金流量形成的原因是否合理。

　　以 HS 公司現金流量表資料為基礎，編制現金淨流量結構分析表，如表 11-7 所示。

表 11-7　HS 公司現金淨流量結構分析表

單位：萬元

項目	本期金額	結構比例/（％）
經營活動產生的現金流量淨額	19,609	145.53

表 11-7（續）

項目	本期金額	結構比例/(%)
投資活動產生的現金流量淨額	167	1.24
籌資活動產生的現金流量淨額	-6,255	-46.42
匯率變動對現金及現金等價物的影響	-47	-0.35
現金及現金等價物淨增加額	13,474	100.00

　　從表 11-7 中可以看出，HS 公司現金淨流量主要來自於經營活動，投資活動產生的現金流量淨額比重較小，籌資活動產生的現金流量淨額為-46.42%。這些基本上表明 HS 公司處於壯大時期，經營活動是企業最重要的現金來源，企業的投資活動處在優化調整中，而資金較為充裕，籌資活動淨流量顯示為淨流出，企業償還了部分債務，減輕了財務風險。

　　一般而言，對於一個健康的、正在成長的公司來說，經營活動的現金流量應該是正數，投資活動的現金流量應該為負數，籌資活動的現金流量應該是正負相間的。HS 公司的現金流量基本上體現了這種成長型公司的狀況。

　　針對現金流量項目的不同表現，可以歸納分析如表 11-8 所示。

表 11-8　現金流量項目組合分析表

經營活動	投資活動	籌資活動	分析評價
+	+	+	企業經營與投資業績良好、籌資能力強，是一種較為理想的狀態。此時，應警惕資金的浪費，把握良好的投資機會
+	+	-	企業進入成熟期。企業在市場上銷售穩定，進入投資回收期，經營及投資進入良性循環，財務狀況安全，企業信譽良好
+	-	+	企業進入高速發展時期。銷售呈現良好狀態，經營活動中大量資金回籠，服務於擴張。企業在大量追加投資中，僅靠經營活動現金流量淨額遠不能滿足追加投資，需要籌集必要的外部資金作為補充
+	-	-	經營狀況良好，可以在償還債務的同時繼續投資，但應密切關注經營狀況的變化，防止因經營狀況惡化而導致財務狀況惡化
-	+	+	企業靠舉債維持經營活動所需資金，財務狀況可能惡化。投資活動現金流入是一個亮點，但要分析是來源於投資收益還是投資收回，如果是後者，企業面臨的形勢將更加嚴峻

項目十一　現金流量表閱讀與分析

表 11-8（續）

經營活動	投資活動	籌資活動	分析評價
-	+	-	企業衰退時期的症狀：市場萎縮，經營活動現金流入小於流出，同時企業為了應付債務不得不大規模收回投資以彌補現金的不足。如果投資活動現金流量來源於投資收益，則企業的狀況尚可；如果是來源於投資收回，則企業將會出現更深層次的危機
-	-	+	有兩種情況：第一，企業處於初創階段，需要投入大量資金，其資金來源只有舉債、融資等籌資活動；第二，企業處於衰退階段，靠舉債維持日常生產經營活動，如果不能渡過難關，則前途不容樂觀
-	-	-	這種情況往往發生在盲目擴張後的企業，由於市場預測失誤等原因，造成企業經營活動現金流出大於現金流入，投資效益低下造成虧損，使投入擴張的大量資金難以收回，財務狀況異常危險，到期債務不能償還

註：「+」表示現金流入量大於現金流出量；「-」表示現金流出量大於現金流入量

任務四　現金流量項目分析

一、經營活動現金流量主要項目分析

（一）銷售商品、提供勞務收到的現金

該項目反應企業本年銷售商品、提供勞務收到的現金，以及前期銷售商品、提供勞務本期收到的現金（包括應向購買者收取的增值稅銷項稅額）和本期預收的款項減去本年銷售本期退回商品和前期銷售本期退回商品支付的現金。企業銷售材料和代購代銷業務收到的現金，也在本項目中反應。

本項目是企業現金流入的主要來源，與利潤表中的營業收入總額相對比，可以判

財務報表分析

斷企業銷售收現率的情況。較高的收現率表明企業產品定位正確、適銷對路，並已形成賣方市場。

(二) 收到的稅費返還

該項目反應企業收到返還的增值稅、營業稅、所得稅、消費稅、關稅和教育費附加返還款等各種稅費。一般金額不大，出口為主的企業可能會有較大金額的稅費返還，但一般企業金額不大，對經營活動現金流入量影響不大。

(三) 收到其他與經營活動有關的現金

該項目主要包括企業收到的罰款收入、經營租賃收到的租金等其他與經營活動有關的現金流入。金額較大的應當單獨列示。此項目具有不穩定性，數額不應過多。

(四) 購買商品、接受勞務支付的現金

該項目反應企業本期購買商品、接受勞務實際支付的現金（包括增值稅進項稅額），以及本期支付前期購買商品、接受勞務的未付款項和本期預付款項減去本期發生的購貨退回收到的現金。企業購買材料和代購代銷業務支付的現金，也在本項目中反應。

該項目是企業現金的主要流出，數額較大。將其與營業成本相比較，可以判斷企業購買商品付現率的情況，瞭解企業資金的緊張程度或企業的商業信用情況，從而可以更清楚地認識到企業目前所面臨的形勢是否嚴峻。

(五) 支付給職工工資及為職工支付的現金

該項目反應企業實際支付給職工的工資、獎金、各種津貼和補貼等職工薪酬（包括代扣代交的職工個人所得稅）。它包括在職人員的各項工資、獎金、津貼、補貼、養老金和社會保險等，不包括離退休人員的各種費用（在支付的其他與經營活動有關的現金中反應）和支付給在建工程人員的工資及其他事項（在投資活動現金流中反應）。

該項目也是企業現金流出的主要方向，金額波動不大。

(六) 支付的各項稅費

該項目反應企業本年發生並支付以前各年發生本年支付及預交的各項稅費，包括

所得稅、增值稅、營業稅、消費稅、印花稅、房產稅、土地增值稅、車船稅、教育費附加等。

該項目會隨著企業的銷售規模的變化而變動。

(七) 支付其他與經營活動有關的現金

該項目反應企業經營租賃支付的租金、支付的差旅費、業務招待費、保險費、罰款支出等其他與經營活動有關的現金流出。金額較大的應當單獨列示。

二、投資活動現金流量主要項目分析

(一) 收回投資所收到的現金

該項目反應企業出售、轉讓或到期收回除現金等價物以外的對其他企業長期股權投資而收到的現金，不包括債權工具的利息收入和處置子公司及其他營業單位收到的現金淨額。

該項目金額較大，需要謹慎分析。投資擴張是企業未來創造利潤的增長點，縮小投資可能意味著企業存在規避投資風險、投資戰略改變或資金緊張等問題。

(二) 取得投資收益收到的現金

該項目反應企業除現金等價物以外的對其他企業的長期股權投資分回的現金股利和利息等。通過對該項目的分析，可以瞭解投資回報率的高低。

(三) 處置固定資產、無形資產和其他長期資產收回的現金淨額

該項目反應企業出售、報廢固定資產、無形資產和其他長期資產所取得的現金（包括因資產毀損而收到的保險賠償收入）減去為處置這些資產而支付的有關費用後的淨額。

正常情況下該項目金額不大，如果數額很大，則表明企業產業、產品結構將有所調整，或者企業以出售設備變現，維持營運。

(四) 處置子公司及其他營業單位收到的現金淨額

該項目反應企業處置子公司及其他營業單位所取得的現金減去子公司或其他營業

單位持有的現金和現金等價物，以及相關處置費用後的淨額。

該項目表明企業在縮小經營範圍，一般數額較大，但在企業中發生得並不頻繁。

(五) 收到的其他與投資活動有關的現金

該項目反應企業除了上述各項之外，收到的其他與投資活動有關的現金流入，如工程前期款、工程往來款等。

(六) 購建固定資產和其他長期資產支付的現金

該項目反應企業購買、建造固定資產，取得無形資產和其他長期資產所支付的現金（含不允許抵扣的增值稅款等），以及用現金支付的應由在建工程和無形資產負擔的職工薪酬。它不包括為購建固定資產而發生的借款利息資本化部分，以及融資租入固定資產支付的租賃費，這些項目應在籌資活動產生的現金流量中反應。

該項目反應企業擴大再生產能力的強弱，揭示企業未來經營方式和經營戰略的發展變化。

(七) 投資支付的現金

該項目反應企業取得除現金等價物以外的對其他企業的長期股權投資所支付的現金，以及支付的佣金、手續費等附加費用，但取得子公司及其他營業單位支付的現金淨額除外。

三、籌資活動現金流量主要項目分析

(一) 吸收投資收到的現金

該項目反應企業以發行股票、債券等方式籌集資金實際收到的款項減去直接支付的佣金、手續費、宣傳費、諮詢費、印刷費等發行費用後的淨額。本項目有助於分析企業通過資本市場籌資能力的強弱。

(二) 取得借款收到的現金

該項目反應企業舉借各種短期、長期借款而收到的現金。本項目數額的大小反應企業通過銀行籌集資金能力的強弱，在一定程度上代表了企業商業信用的高低。

項目十一　現金流量表閱讀與分析

(三) 償還債務支付的現金

該項目反應企業為償還債務本金而支付的現金。值得注意的是，企業支付的借款利息和債券利息應在「分配股利、利潤或償付利息支付的現金」項目中反應。本項目有助於分析企業資金週轉是否已經進入良性循環狀態。

(四) 分配股利、利潤或償付利息支付的現金

該項目反應企業實際支付的現金股利、支付給其他投資單位的利潤或用現金支付的借款利息、債券利息。利潤的分配情況反應了企業現金的充裕程度。

任務五　現金流量比率分析

現金流量比率分析是指將經營活動的現金流量與資產負債表、利潤表的有關指標進行比較，進而分析、評價企業適應經濟環境變化和利用投資機會的能力。

進行現金流量比率分析，可以進一步揭示現金流量信息，有助於評價企業的獲現能力、償債能力和支付能力，並且從現金流量的角度對企業的財務狀況和經營業績做出評價，來彌補權責發生制比率分析法的局限。

現金流量的比率分析主要包括現金流動性分析、獲取現金能力分析和收益質量分析。

一、現金流動性分析

現金流動性分析主要考察企業經營活動產生的現金流量與債務之間的關係，主要指標包括以下幾方面。

(一) 現金流動負債比率

$$現金流動負債比率 = \frac{經營現金淨流量}{年末流動負債} \times 100\%$$

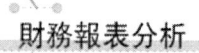

該指標從現金流入和流出的動態角度對企業的實際償債能力進行考察，直觀地反應出企業償還流動負債的實際能力，用於評價企業短期償債能力時比流動比率和速動比率更謹慎。該指標越大，表明企業經營活動產生的現金淨流量越多，越能保障企業按期償還到期債務。但該指標也不是越大越好，指標過大則表明企業流動資金利用不充分，盈利能力不強。

（二）現金流量債務比率

$$現金流量債務比率 = \frac{經營現金流量淨額}{負債總額} \times 100\%$$

該指標反應企業在某一會計期間經營活動產生的現金流量淨額對其全部負債的滿足程度。在一般情況下，債務總額使用年末和年初的加權平均數，為了簡便，也可以使用期末數。該比率表明企業用經營現金流量償付全部債務的能力，比率越高，承擔債務總額的能力越強。

（三）現金流量利息保障倍數

$$現金流量利息保障倍數 = \frac{經營現金流量淨額}{利息費用}$$

該比率表明1元的利息費用有多少倍的經營現金流量做保障。它比以收益為基礎的利息保障倍數更可靠。

二、獲取現金能力分析

$$資產現金回收率 = \frac{經營現金淨流量}{平均資產總額} \times 100\%$$

該指標反應企業利用資產獲取現金的能力，可以衡量企業資產獲現能力的強弱。該指標數值越大，說明企業的投資現金回報越高、獲現能力越強。

三、收益質量分析

（一）營業收入收現率

$$營業收入收現率 = \frac{銷售商品、提供勞務收到的現金}{營業收入} \times 100\%$$

該指標越接近 1，越說明企業銷售形勢很好，或者企業信用政策合理，收款工作得力，收益質量高；反之，則說明企業銷售形勢不佳，或者企業信用政策不合理，收款不得力，收益質量差。可以結合資產負債表中的「應收帳款」項目和利潤表中「利潤總額」項目的變化趨勢來分析。

（二）盈餘現金保障倍數

$$盈餘現金保障倍數 = \frac{經營現金淨流量}{淨利潤}$$

該指標能反應會計利潤與真實利潤的匹配程度，以防止企業人為操縱利潤而導致會計信息使用者決策失誤，因為虛計的帳面利潤不能帶來相應的現金流入。一般來說，盈利企業的盈餘現金保障倍數等於或大於 1。該指標越大，表明企業經營活動產生的淨利潤對現金的貢獻越大，利潤的質量也就越高。

復習思考

1. 簡述經營現金流量與淨利潤綜合分析的作用。
2. 借助現金流量指標，如何透視盈利質量。
3. 簡述現金流量表結構分析的意義。
4. 簡述現金流量表趨勢分析的意義。

項目十二 財務預測

學習目標

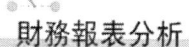

1. 瞭解財務預測的主要內容。
2. 掌握財務預測的基本方法與框架。
3. 掌握敏感性分析。

雖然現行財務報表體系以決策有用觀為導向，即為報表使用者提供有助於做出各種決策的會計信息，但會計計量的特點導致財務報表信息往往只能反應企業過去的經營狀況，而決策的對象往往是尚未發生的事項，是面向未來的。因此，如何根據財務報表所提供的歷史數據，對企業的未來進行準確的預測，是報表使用者需要解決的關鍵問題。例如，管理層需要通過預測來制定企業計劃並確定業績目標；分析師需要通過預測將關於企業前景的信息傳遞給投資者；債權人需要利用預測來評估企業償還貸款的可能性。

企業的財務會計報告反應了企業已實現的財務狀況、經營成果與現金流量。但是分析師分析財務報表的目的則是希望對企業未來的經營狀況進行預測，並以此作為公司估值的基礎。

項目十二 財務預測

任務一 財務預測概述

　　財務預測是對企業未來結果的精確量化，是基於各種合理的基本假設，根據預期條件和各種可能影響未來經營活動、投資活動或籌資活動等的重要事項，做出最恰當的評估結果，並根據決策需要確定預期的財務狀況、經營成果和現金流量的變動狀況。

　　財務預測並不是財務分析人員閉門造車的結果，而是建立在對企業的經營戰略分析、會計分析和財務分析的基礎之上的。戰略分析為前景分析和財務預測確立了大致的方向。例如，明確該企業所處行業的盈利能力如何，行業的未來成長性如何，該企業在行業中的競爭地位如何，該企業的市場份額會如何變化，該企業制定的未來發展戰略規劃如何。對上述各方面的明確認識能夠幫助分析人員確定企業大致的未來發展方向，同時有助於對企業未來的銷售情況進行預測。會計分析可以幫助分析人員深入瞭解企業過去的資產和負債是否被高估或低估，這些資產或負債如何影響企業未來的財務報表。財務分析則可以幫助分析人員瞭解公司價值創造的主要驅動因素，釐清主要財務變量的變化對未來財務業績的影響。

　　由於三張財務報表之間存在著嚴密的邏輯關係，是一個有機的整體，因此財務預測的最好方法是進行全面預測，即不僅要進行收益預測，還要進行現金流量和資產負債預測。全面預測的方法非常有用，即使在決策人僅對某一個方面的業績感興趣的情況下也是如此，通過全面預測可以防止分析師提出不切實際的假設。例如，分析師關注企業的收益狀況，要預測企業未來若干年內的銷售增長和收益，但如果他沒有考慮到這種增長所需的營運資本、廠房設備及相關的融資情況，那麼該預測就很有可能對資產週轉率、財務槓桿或權益資本的投入做出不合理的假設。

　　儘管全面預測包含了對財務狀況、經營成果和現金流量的全面預測，但是，在實際進行財務預測的過程中，並不需要對所有的財務報表項目都進行精確的預測，應更多地關注幾個關鍵的「驅動因素」。對於非金融服務領域的企業來說，銷售預測肯定是預測的關鍵驅動因素，而且銷售預測一般是預測的起點。銷售預測一方面決定了企業

未來的收入,並且以銷量為基礎,可以確定企業的產量進而確定成本;另一方面,銷售收入的增長會帶動設備投資、營運資金以及期間費用的變化。

一般來說,分析師常用的股票估值模型是現金流折現模型(見項目十一)。在這種情況下,投資者和分析師更加關注企業未來的現金流量變化情況,而不是單純的收益狀況。現金流量的預測方法有兩種:一種是直接法,即直接預測企業未來的現金收入和支出情況,如從客戶方取得的現金收入和向供貨商和員工支付的現金流出。對於業務相對簡單的企業而言,直接法較為簡單。另一種是間接法,即從企業的利潤出發,通過調整非現金費用、營運資本以及廠房和設備等支出所造成的影響來計算現金流量。

任務二 財務預測的一般框架結構

企業在進行財務預測時,首先要確定預測的基期和後續期,然後需要將通的財務報表轉換成預測用財務報表。本節主要介紹預測期的確定以及預測的財務報表的結構。

一、財務預測的預測期間

1. 預測的基期

預測的基期通常是預測工作的上一個年度。基期的各項數據稱為基數,不僅包括各項財務數據的金額,還包括它們的增長率以及各項財務比率。如果通過歷史財務報表分析認為上年財務數據具有可持續性,則以上年實際數據作為基數。如果通過歷史財務報表分析認為上年財務數據不具有可持續性,則以修正後的上年數據作為基數。

2. 詳細預測期和後續期

預測期長短取決於企業增長的不穩定時期長短,實務中通常為5~7年,很少超過10年。根據競爭均衡理論[①],擁有高於或者低於正常水平增長率的企業,其銷售收入

[①] 競爭均衡理論認為,一個企業不可能永遠以高於宏觀經濟增長率的增長速度發展下去,不可能在競爭的市場中長期取得超額利潤,其投資資本回報率會逐漸恢復到正常水平。

增長率通常在 3~10 年中趨於恢復到正常水平。預測期和後續期的劃分不是事先確定的，而是在實際預測過程中，通過判斷企業是否進入穩定狀態而確定的。企業進入穩定狀態的主要標誌是：

(1) 具有穩定的銷售增長率，大約等於宏觀經濟的名義增長率。

(2) 具有穩定的投資資本回報率，與資本成本相近。

二、財務預測的財務報表結構

外部報表使用者進行財務預測時，往往只能獲取通用的財務報表。由於通用財務報表需要平衡各類報表使用者的不同信息需要，其所提供的信息並不完全適用於財務分析和公司內部管理，因此要對公司通用財務報表進行調整，將其轉變為預測的財務報表，包括預計資產負債表、預計利潤表和預計現金流量表。

1. 預計資產負債表

預計資產負債表（見表 12-1）要求對資產和負債進行重新分類，分為經營性和金融性兩類。經營資產是指銷售商品或者提供勞務所涉及的資產，金融資產是指利用經營活動多餘資金進行投資所涉及的資產。經營負債是指銷售商品或提供勞務所涉及的負債，金融負債是指債務籌集活動所涉及的負債。

預計資產負債表的基本公式如下：

資產＝經營資產＋金融資產

＝經營性流動資產＋經營性長期資產＋短期金融資產＋長期金融資產

負債＝經營負債＋金融負債

＝（經營性流動負債＋經營性長期負債）＋（短期金融負債＋長期金融負債）

淨經營資產＝經營資產－經營負債

＝經營性流動資產＋經營性長期資產－經營性流動負債＋經營性長期負債

＝經營性流動資產－經營性流動負債＋經營性長期資產－經營性長期負債

＝經營營運資本＋淨經營性長期資產

淨金融負債＝金融負債－金融資產

淨經營資產＝淨金融負債＋股東權益

財務報表分析

表 12-1　預計資產負債表

項目	基期	預測期
淨經營資產：		
經營現金		
其他經營性流動資產		
減：經營性流動負債		
經營營運資本		
經營性長期資產		
減：經營性長期負債		
淨經營性長期資產		
淨經營資產總計		
金融負債：		
短期借款		
長期借款		
金融負債合計		
金融資產		
淨金融負債		
股東權益：		
股本		
年初未分配利潤		
本年利潤		
減：本年股利		
年末未分配利潤		
股東權益總計		
淨金融負債和股東權益總計		

2. 預計利潤表

　　區分經營活動和金融活動不僅涉及資產負債表，還涉及利潤表。取得盈利是企業經營活動的目的，而金融活動的目的是籌集資金，籌集資金的目的是生產經營，而不是投資金融市場獲利，因此要區分經營損益和金融損益。預計利潤表見表 12-2。

　　經營損益和金融損益的劃分與資產負債表上的經營資產和金融資產的劃分相對應。

項目十二 財務預測

金融損益是指金融負債利息和金融資產收益的差額（本書在預測時假定不考慮金融資產收益），即扣除利息收入、金融資產公允價值變動收益等以後的利息費用。經營損益是指除金融損益以外的當期損益。

預計利潤表的基本公式如下：

淨利潤＝經營損益＋金融損益

＝稅後經營利潤－稅後利息費用

＝稅前經營利潤×（1－所得稅稅率）－利息費用×（1－所得稅稅率）

表 12-2　預計利潤表

項目	基期	預測期	
稅後經營利潤：			
一、營業收入			
減：營業成本＊			
銷售和管理費用＊＊			
折舊與攤銷			
二、稅前經營利潤			
減：經營利潤所得稅			
三、稅後經營利潤			金融收益：
四、短期借款利息			
加：長期借款利息			
五、利息費用合計			
減：利息費用抵稅			
六、稅後利息費用			
七、稅後利潤合計			
加：年初未分配利潤			
八、可供分配的利潤			
減：應付普通股股利			
九、未分配利潤			

＊營業成本由直接材料成本、直接人工成本、扣除折舊與攤銷後的製造費用、營業稅金及附加構成，不包括折舊與攤銷。

＊＊銷售和管理費用不包括折舊與攤銷

3. 預計現金流量表

企業價值取決於企業經營活動產生的現金流量，傳統現金流量表中的經營活動並未包括了經營而進行的經營性固定資產等長期資產的投資，不是完整的經營活動。預計現金流量表（見表 12-3）應區分經營現金流量和金融現金流量。經營現金流量是指企業因銷售商品或提供勞務等營業活動及與此有關的生產性資產投資活動產生的現金流量，又叫「實體現金流量」；金融現金流量則是指企業因籌資活動和金融市場投資活動而產生的現金流量。

表 12-3　預計現金流量表

項目	基期預測	期
稅後經營利潤		
加：折舊與攤銷 *		
減：經營營運資本增加 * *		
＝營業現金淨流量		
減：淨經營性長期資產增加		
折舊與攤銷 * * *		
＝實體現金流量		
債務現金流量		
稅後利息費用		
減：短期借款增加		
長期借款增加		
＝債務現金流量		
股權現金流量		
股利分配		
減：股權資本發行		
加：股份回購		
實體現金流量		

　＊此處折舊與攤銷等於表 12-2 中的折舊與攤銷。

　＊＊經營營運資本增加＝本期經營營運資本－上期經營營運資本

　＊＊＊淨經營性長期資產總投資＝淨經營性長期資產增加＋折舊與攤銷

任務三　財務預測的主要內容

本節以利泰公司為例說明財務預測的步驟和內容。

一、預測銷售收入

預測銷售收入是財務預測的起點，因為大部分財務數據與銷售收入有著內在的聯繫。由於財務報告中不披露銷售數量和價格，因此對於外部報表使用者，銷售收入不能直接預測，只能對銷售收入的增長率進行預測，然後根據基期銷售收入和預計的增長率計算得出預測期的銷售收入。銷售增長率的預測以歷史增長率為基礎，根據未來宏觀經濟、行業狀況和企業經營戰略等因素的變化進行修正。

假定利泰公司在 20×1 年和 20×2 年營業收入增長較快，隨後從 20×3 年開始增長率逐步下降，至 20×6 年營業收入的增長率將穩定在 10%。利泰公司的銷售預測如表 12-4 聽示。

表 12-4　利泰公司的銷售預測

年份	20×1	20×2	20×3	20×4	20×5	20×6	20×7	20×8
銷售增長率（%）	29.55	33.36	17.36	13.41	12.00	10.00	10.00	10.00
銷售收入（萬元）	628.00	837.50	982.89	1,114.70	1,248.46	1,373.31	1,510.64	1,661.70

二、確定預測期間

利泰公司的預測以 20×3 年為基期，將 20×3 年的財務報表調整為預測財務報表，以 20×3 年預測的財務報表中的數據為基數。本書假定利泰公司的預測期為 5 年。

三、主要財務假設

財務假設是預測過程中對一些重要的財務參數的預測。由於很多報表項目均與銷

財務報表分析

售收入存在一定的比例關係，因此需要根據歷史數據來確定主要報表項目的銷售百分比，將這些銷售百分比作為進行財務預測的財務假設，然後根據這些假設和預計的銷售收入計算得出預計財務報表中的某些數據。

各項費用通常是銷售收入的函數，可以根據預計銷售收入估計銷售成本和期間費用，並在此基礎上確定淨利潤。因此，銷售成本率、銷售和管理費用占銷售收入的比率是兩項需要做出的財務假設。

在以銷定產的前提下，銷售收入與固定資產的規模也有一定的關係，銷售收入的高低決定了產量的多少，進而影響固定資產購進的決策，影響折舊與攤銷的金額。因此，折舊與攤銷占銷售收入的比率也是需要做出的財務假設。

通常，經營資產和經營負債是銷售收入的函數，根據歷史數據可以分析出該函數關係。利息費用由借款利率和借款金額決定，借款金額又由投資資本決定，即由淨經營資產決定。通過假設經營資產和經營負債占銷售收入的比例可以計算出相應的經營資產和經營負債，然後通過假設的借款占淨經營資產的比率可以計算出借款金額，最後通過假設的借款利率計算得出利息費用。

表12-5是利泰公司的主要財務假設。在主要財務假設的預測中，我們認為這些假設的數值最後都會趨於穩定。利泰公司在20×1年和20×2年銷售收入增長較快，20×3年銷售收入增長率開始下降。故此，我們假設20×6年及以後銷售收入的增長率都將穩定在10%，其他財務假設在預測期均保持不變。假設20×3年經營營運資本為294.87萬元，淨經營性長期資產為294.87萬元，淨金融負債為176.92萬元，短期借款利率為6%，長期借款利率為10%。此外，假設滿足內部籌資需求後的利潤均以現金股利的形式發放。

表 12-5 利泰公司的主要財務假設（%）

	20×2年	20×3年	20×4年	20×5年	20×6年	20×7年	20×8年
利潤表財務假設							
銷售收入增長率	33.36	17.36	13.41	12.00	10.00	10.00	10.00
銷售成本率*	68.30	65.80	62.60	64.00	64.00	64.00	54.00
銷售和管理費用／銷售收入	12.67	13.93	14.60	14.67	14.77	14.87	14.87
折舊與攤銷／銷售收入	3.00	3.00	3.00	3.00	3.00	3.00	3.00

表 12-5（續）

	20×2 年	20×3 年	20×4 年	20×5 年	20×6 年	20×7 年	20×8 年
短期借款利率	6.00	6.00	6.00	6.00	6.00	6.00	6.00
長期借款利率	10.00	10.00	10.00	10.00	10.00	10.00	7.00
平均所得稅稅率	30.00	30.00	30.00	30.00	30.00	30.00	30.00
資產負債表財務假設							
經營現金銷售收入	1.00	1.00	1.00	1.00	1.00	1.00	1.00
其他經營性流動資產／銷售收入	39.00	39.00	39.00	39.00	39.00	39.00	39.00
經營性流動負債／銷售收入	10.00	10.00	10.00	10.00	10.00	10.00	10.00
經營性長期資產／銷售收入	30.00	30.00	30.00	30.00	30.00	30.00	30.00
短期借款／淨經營資產	20.00	20.00	20.00	20.00	20.00	20.00	20.00
長期借款／淨經營資產	10.00	10.00	10.00	10.00	10.00	10.00	10.00

＊銷售成本率＝銷售成本÷銷售收入，其中銷售成本由直接材料成本、直接人工成本、扣除折舊與攤銷後的製造費用、營業稅金及附加構成，不包括折舊與攤銷

四、預計利潤表、預計資產負債表和預計現金流量表

1. 預計利潤表和預計資產負債表的填列方法

利潤表和資產負債表之間有明確的勾稽關係，兩張表的數據相互銜接，預測完一期才可以預測下一期。預計利潤表和預計資產負債表見表 12-6 和表 10-7。

下面說明主要項目的計算過程：

（1）預計利潤表中的稅後經營利潤。

「營業收入」根據銷售預測的結果填列。

「營業成本」「銷售和管理費用」以及「折舊與攤銷」，使用銷售百分比法預測，用銷售收入乘以相應財務假設的數值。

財務報表分析

$$稅前經營利潤 = 銷售收入 - 銷售成本① - 銷售和管理費用② - 折舊與攤銷$$

$$稅前經營利潤所得稅 = 預計稅前經營利潤 \times 預計所得稅稅率$$

$$稅後經營利潤 = 稅前經營利潤 - 稅前經營利潤所得稅$$

接下來的項目是「利息費用」,其驅動因素是借款金額和借款利率,通常不能根據銷售百分比法直接預測。已知借款利率和借款金額占淨經營資產的比例,但借款金額需要根據資產負債表來確定。因此,轉向資產負債表的預測。

(2) 預計資產負債表中的淨經營資產。

「經營現金」「其他經營性流動資產」「經營性流動負債」「經營性長期資產」通過銷售收入乘以財務假設中的相應項目占銷售收入的比例計算得出。假設利泰公司「經營性長期負債」③的金額很小,可以忽略不計,同時假設利泰公司沒有金融資產。

$$經營營運資本 = 經營現金 + 其他經營性流動資產 - 經營性流動負債$$

$$淨經營資產總計 = 經營營運資本 + 經營性長期資產$$

(3) 預計融資。

$$短期借款 = 淨經營資產 \times 短期借款 \div 淨經營資產$$

$$長期借款 = 淨經營資產 \times 長期借款 \div 淨經營資產$$

$$期末股東權益 = 淨經營資產 - 借款合計$$

$$= 淨經營資產 - (短期借款 + 長期借款)$$

$$內部籌資④ = 期末股東權益 - 期初股東權益$$

(4) 預計利息費用。

預計出借款金額,轉回利潤表的預測。

$$利息費用 = 短期借款 \times 短期借款利率 + 長期借款 \times 長期借款利率$$

(5) 計算稅後利潤。

$$稅後利潤 = 稅後經營淨利潤 - 稅後利息費用$$

---

① 「銷售成本」由直接材料成本、直接人工成本、扣除折舊與攤銷後的製造費用、營業稅金及附加構成,不包括折舊與攤銷。

② 「銷售與管理費用」不包括折舊與攤銷。

③ 經營性長期負債是指銷售商品或提供勞務過程中涉及的一年以上的負債,包括經營性長期應付款、預計負債、遞延所得稅負債、其他非流動負債等。

④ 假設利泰公司基期沒有金融資產,預計今後也不保留多餘的金融資產。企業也可以採取其他的融資政策,不同的融資政策會導致不同的融資額計算方法。

項目十二　財務預測

（6）計算股利和年末未分配利潤。

$$本年股利＝本年淨利潤-股東權益增加$$

$$年末未分配利潤＝年初未分配利潤＋本年淨利潤-本年股利$$

轉回資產負債表的預測，將「年末未分配利潤」填入資產負債表相應項目，最後完成資產負債表其他項目的預測。

$$股東權益合計＝股本＋年末未分配利潤$$

$$淨負債和股東權益總計＝淨負債＋股東權益$$

由於資產負債表和利潤表之間的數據相互銜接，必須完成預測期第一期的預測後才能轉向第二期的預測。

2. 預計現金流量表的基本內容

根據預計利潤表和預計資產負債表編制預計現金流量表只是一個數據轉換的過多，如表 12-8 所示。

3. 預計現金流量表的填列方法

（1）營業現金淨流量。

$$營業現金淨流量＝稅後經營利潤＋折舊與攤銷-經營營運資本增加$$

（2）實體現金流量。

$$實體現金流量＝營業現金淨流量-淨經營性長期資產總投資$$
$$＝營業現金淨流量-（淨經營性長期資產增加＋折舊與攤銷）$$

（3）債務現金流量。

$$債務現金流量＝稅後利息費用-淨金融負債增加$$

（4）股權現金流量。

$$股權現金流量＝股利分配-股份資本發行＋股份回購$$

（5）現金流量的平衡關係。

$$實體現金流量＝融資現金流量＝債務現金流量＋股權現金流量$$

4. 利泰公司的預計報表

利泰公司的預計利潤表和預計資產負債表分別如表 12-6 和表 12-7 所示。

165

表12-6　利泰公司預計利潤表

單位：萬元

	20×4 年	20×5 年	20×6 年	20×7 年	20×8 年
稅後經營利潤					
一、營業收入	1,114.70	1,248.46	1,373.31	1,510.64	1,661.70
減：營業成本	697.80	799.01	878.92	966.81	1,063.49
銷售和管理費用	162.75	183.15	202.84	224.63	247.09
折舊與攤銷	33.44	37.45	41.20	45.32	49.85
二、稅前經營利潤	220.71	228.84	250.35	273.88	301.27
減：經營利潤所得稅	66.21	68.65	75.11	82.16	90.38
三、稅後經營利潤	154.50	160.19	175.25	191.71	210.89
金融收益					
四、短期借款利息	8.03	8.99	9.89	10.88	11.96
加：長期借款利息	6.69	7.49	8.24	9.06	9.97
五、利息費用合計	14.71	16.48	18.13	19.94	21.93
減：利息費用抵稅	4.41	4.94	5.44	5.98	6.58
六、稅後利息費用	10.30	11.54	12.69	13.96	15.35
七、稅後利潤合計	144.20	148.65	162.56	177.76	195.53
加：年初未分配利潤	101.84	157.20	213.37	265.81	323.49
八、可供分配的利潤	246.04	305.86	375.93	443.56	519.03
減：應付普通股股利	88.83	92.49	110.12	120.07	132.09
九、未分配利潤	157.20	213.37	265.81	323.49	386.94

表12-7　利泰公司預計資產負債表

單位：萬元

	20×4 年	20×5 年	20×6 年	20×7 年	20×8 年
淨經營資產					
經營現金	11.15	12.48	13.73	15.11	16.62
其他經營性流動資產	434.73	486.90	535.59	589.15	648.06
減：經營性流動負債	111.47	124.85	137.33	151.06	166.17
經營營運資本	334.41	374.54	411.99	453.19	498.51
經營性長期資產	334.41	374.54	411.99	453.19	498.51

項目十二 財務預測

表 12-7（續）

	20×4 年	20×5 年	20×6 年	20×7 年	20×8 年
減：經營性長期負債	0.00	0.00	0.00	0.00	0.00
淨經營性長期資產	334.41	374.54	411.99	453.19	498.51
淨經營資產總計	668.82	749.08	823.98	906.38	997.02
金融負債					
短期借款	133.76	149.82	164.80	181.28	199.40
長期借款	66.88	74.91	82.40	90.64	99.70
金融負債合計	200.64	224.73	247.20	271.91	299.11
金融資產	0.00	0.00	0.00	0.00	0.00
淨負債	200.64	224.73	247.20	271.91	299.11
股本	310.97	310.97	310.97	310.97	310.97
年初未分配利潤	101.84	157.20	213.37	265.81	323.49
本年利潤	144.20	148.65	162.56	177.76	195.53
減：本年股利	88.83	92.49	110.12	120.07	132.09
年末未分配利潤	157.20	213.37	265.81	323.49	386.94
股東權益合計	468.18	524.35	576.78	634.47	697.91
淨負債和股東權益總計	668.82	749.08	823.98	906.38	997.02

下面以 20×4 年的數據為例，說明主要項目的計算過程。

營業收入來自表 12-4 的銷售預測表。

營業收入 = 1,114.70（萬元）

營業成本 = 銷售成本率 × 銷售收入 = 62.6% × 1,114.70 = 697.80（萬元）

銷售和管理費用 = 銷售和管理費用 ÷ 銷售收入 × 銷售收入

= 14.6% × 1,114.70 = 162.75（萬元）

折舊與攤銷 = 折舊與攤銷 ÷ 銷售收入 × 銷售收入

= 3% × 1,114.70 = 33.44（萬元）

稅前經營利潤 = 營業收入 − 營業成本 − 銷售和管理費用 − 折舊與攤銷

= 1,114.70 − 697.80 − 162.75 − 33.44

= 220.71（萬元）

稅前經營利潤所得稅 = 預計稅前經營利潤 × 預計所得稅稅率

$$= 220.71 \times 30\%^{①}$$

$$= 66.21（萬元）$$

稅後經營利潤＝稅前經營利潤－稅前經營利潤所得稅

$$= 220.71 - 66.21 = 154.50（萬元）$$

接下來的項目是「利息費用」，其驅動因素是借款金額和借款利率，通常不能根據銷售百分比法直接預測。已知借款利率和借款金額占淨經營資產的比例，但借款金額需要根據資產負債表來確定。因此，轉向資產負債表的預測。

經營現金＝經營現金÷銷售收入×銷售收入＝1%×1,114.70＝11.15（萬元）

其他經營性流動資產＝其他經營性流動資產÷銷售收入×銷售收入

$$= 39\% \times 1,114.70 = 434.73（萬元）$$

經營性流動負債＝經營性流動負債÷銷售收入×銷售收入

$$= 10\% \times 1,114.70 = 111.47（萬元）$$

經營營運資本＝經營現金＋其他經營性流動資產－經營性流動負債

$$= 11.15 + 434.73 - 111.47$$

$$= 334.41（萬元）$$

經營性長期資產＝經營性長期資產率×銷售收入

$$= 30\% \times 1,114.70 = 334.41（萬元）$$

經營性長期負債＝0（假設利泰公司該項金額很小，可以忽略不計）

淨經營資產總計＝經營營運資本＋經營性長期資產

$$= 334.41 + 334.41 = 668.82（萬元）$$

短期借款＝淨經營資產×短期借款÷淨經營資產

$$= 668.82 \times 20\% = 133.76（萬元）$$

長期借款＝淨經營資產×長期借款/淨經營資產

$$= 668.82 \times 10\% = 66.88（萬元）$$

期末股東權益＝淨經營資產－借款合計

$$=淨經營資產－（短期借款＋長期借款）$$

$$= 668.82 - (133.76 + 66.88)$$

$$= 468.18（萬元）$$

---

① 為方便計算，本章選取30%作為計算用所得稅稅率。

項目十二　財務預測

內部籌資＝期末股東權益－期初股東權益

$\qquad$ ＝468.18－412.81＝55.37（萬元）

預計出借款金額，轉回利潤表的預測。

利息費用＝短期借款×短期債務利率＋長期借款×長期債務利率

$\qquad$ ＝133.76×6%＋66.88×10%

$\qquad$ ＝14.71（萬元）

稅後利潤＝稅後經營淨利潤－稅後利息費用

$\qquad$ ＝154.50－14.71×（1－30%）＝144.20（萬元）

本年股利＝本年利潤－股東權益增加＝144.20－55.37＝88.83（萬元）

年末未分配利潤＝年初未分配利潤＋本年利潤－本年股利

$\qquad$ ＝101.84＋144.20－88.83

$\qquad$ ＝157.21（萬元）

轉回資產負債表的預測，將「年末未分配利潤」填入資產負債表相應項目，最後完成資產負債表其他項目的預測。

年末股東權益＝股本＋年末未分配利潤

$\qquad$ ＝310.97＋157.20＝468.17（萬元）

淨負債和股東權益總計＝淨負債＋股東權益

$\qquad$ ＝（133.76＋66.88）＋468.18＝668.82（萬元）

利泰公司的預計現金流量表如表 12-8 所示。

表 12-8　利泰公司預計現金流量表

單位：萬元

	20×4 年	20×5 年	20×6 年	20×7 年	20×8 年
稅後經營利潤	154.50	160.19	175.25	191.71	210.89
加：折舊與攤銷	33.44	37.45	41.20	45.32	49.85
減：經營營運資本增加	39.54	40.13	37.45	41.20	45.32
＝營業現金淨流量	148.40	157.51	178.99	195.83	215.42
減：淨經營性長期資產增加	39.54	40.13	37.45	41.20	45.32
折舊與攤銷	33.44	37.45	41.20	45.32	49.85
＝實體現金流量	75.42	79.93	100.34	109.32	120.25

169

表12-8（續）

	20×4 年	20×5 年	20×6 年	20×7 年	20×8 年
債務現金流量					
稅後利息費用	10.30	11.54	12.69	13.96	15.35
減：短期借款增加	15.81	16.05	14.98	16.48	18.13
長期借款增加	7.91	8.03	7.49	8.24	9.06
＝債務現金流量	(13.43)	(12.54)	(9.78)	(10.76)	(11.84)
股權現金流量					
股利分配	88.83	92.49	110.12	120.07	132.09
減：股權資本發行	0	0	0	0	0
加：股份回購	0	0	0	0	0
＝股權現金流量	88.83	92.49	110.12	120.07	132.09
實體現金流量	75.41	79.94	100.34	109.31	120.25

營業現金淨流量＝稅後經營利潤＋折舊與攤銷－經營營運資本增加

＝154.50＋33.44－（334.41－294.87）

＝148.40（萬元）

這裡加回「折舊與攤銷」，是為了把稅後經營利潤調為營業現金淨流量。

實體現金流量＝營業現金淨流量－淨經營性長期資產總投資

＝營業現金淨流量－（淨經營性長期資產增加＋折舊與攤銷）

＝148.40－（334.41－294.87＋33.44）

＝75.42（萬元）

這裡加回「折舊與攤銷」，是為了把淨經營性長期資產增加調為淨經營性長期資產總投資。

債務現金流量＝營業現金流量－淨經營資產總投資

＝（稅後經營淨利潤＋折舊與攤銷）－（淨經營資產淨投資＋折舊與攤銷）

＝稅後經營淨利潤－淨經營資產淨投資債務現金流

＝稅後利息費用－淨負債增加

＝14.71×（1－30%）－（200.64－176.92）

項目十二　財務預測

$$= -13.42（萬元）$$

股權現金流量＝股利分配－股份資本發行＋股份回購

$$= 88.83-0+0 = 88.83（萬元）$$

實體現金流量＝債務現金流量＋股權現金流量

$$= -13.42+88.83 = 75.41（萬元）$$

任務四　敏感性分析

上節對利泰公司的財務預測是建立在表12-5的基本假設的基礎上的，但是在進行預測的時候還需要考慮更廣泛的問題。一方面，表12-5的基本假設是建立在分析師的分析基礎上的，但是分析師對基本假設的預測可能會發生偏差；另一方面，分析師的預測可能比較精確，但是分析師無法控製未來的外部環境的變化。為了保證預測結果的準確性和穩健性，以各種不同的假設為基礎來決定這些假設的預測敏感性是明智的。

敏感性分析（Sensitivity Analysis）方法主要是從一系列預測的主要假設開始，然後分析在特定情況下最不確定的那些假設的敏感性。例如，銷售收入是進行財務預測的重要基礎假設，當公司所處的經營環境發生不可預測的變化時，銷售收入預測可能會極大地偏離原來的估計。因此，在確定應對哪些假設進行敏感性分析時，應具體考察公司經營業績的歷史情況、行業環境的變化和公司競爭戰略的變化。不同的假設對財務預測的結果影響不同。

敏感性分析可以假設表12-5中的主要財務假設發生了變化，可以將利泰公司未來的情況分為較好情況、一般情況和較差情況三類。下面以較好情況為例，假定較好情況下，銷售收入比一般情況下多5%，其他財務假設不變。表12-9是較好情況下的財務假設。

財務報表分析

表 12-9　利泰公司財務預測的敏感性分析（%）

	20×4 年	20×5 年	20×6 年	20×7 年	20×8 年
利潤表財務假設					
銷售收入增長率	14.08	12.60	10.50	10.50	10.50
銷售成本率	62.60	64.00	64.00	64.00	64.00
銷售和管理費用／銷售收入	14.60	14.67	14.77	14.87	14.87
折舊與攤銷／銷售收入	3	3	3	3	3
短期債務率	6	6	6	6	6
長期債務率	10	10	10	10	10
平均所得稅稅率	30	30	30	30	30
資產負債表財務假設					
經營現金	1	1	1	1	1
其他經營流動資產	39	39	39	39	39
經營流動負債	10	10	10	10	10
長期資產／銷售收入	30	30	30	30	30
短期借款／投資資本	20	20	20	20	20
長期借款／投資資本	10	10	10	10	10

根據表 12-9 的財務預測的敏感性分析可以進一步預測較好情況下的利潤表、資產負債表和現金流量表。表 12-10、表 12-11 和表 12-12 是較好情況下的利泰公司的預計利潤表、預計資產負債表以及預計現金流量表。

表 12-10　利泰公司較好情況下的預計利潤表

單位：萬元

	20×4 年	20×5 年	20×6 年	20×7 年	20×8 年
稅後經營利潤					
一、營業收入	1,121.29	1,262.57	1,395.14	1,541.63	1,703.50

項目十二 財務預測

表 12-10（續）

	20×4 年	20×5 年	20×6 年	20×7 年	20×8 年
減：營業成本	701.93	808.04	892.89	986.64	1,090.24
銷售和管理費用	163.71	185.22	206.06	229.24	253.31
折舊與攤銷	33.64	37.88	41.85	46.25	51.10
二、稅前經營利潤	222.01	231.43	254.33	279.50	308.84
減：經營利潤所得稅	66.60	69.43	76.30	83.85	92.65
三、稅後經營利潤	155.41	162.00	178.03	195.65	216.19
金融收益					
四、短期借款利息	8.07	9.09	10.04	11.10	12.27
加：長期借款利息	6.73	7.58	8.37	9.25	10.22
五、利息費用合計	14.80	16.67	18.42	20.35	22.49
減：利息費用抵稅	4.44	5.00	5.52	6.10	6.75
六、稅後利息費用	10.36	11.67	12.89	14.24	15.74
七、稅後利潤合計	145.05	150.33	165.14	181.40	200.45
加：年初未分配利潤	101.84	159.97	219.30	274.98	336.51
八、可供分配的利潤	246.89	310.30	384.45	456.39	536.96
減：應付普通股股利	86.92	91.00	109.46	119.88	132.46
九、未分配利潤	159.97	219.30	274.98	336.51	404.50

表 12-11 利泰公司較好情況下的預計資產負債表

單位：萬元

	20×4 年	20×5 年	20×6 年	20×7 年	20×8 年
淨經營資產					
經營現金	11.21	12.63	13.95	15.42	17.03
其他經營性流動資產	437.30	492.40	544.10	601.24	664.36
減：經營性流動負債	112.13	126.26	139.51	154.16	170.35
經營營運資本	336.39	378.77	418.54	462.49	511.05
經營性長期資產	336.39	378.77	418.54	462.49	511.05
減：經營性長期負債	0.00	0.00	0.00	0.00	0.00
淨經營性長期資產	336.39	378.77	418.54	462.49	511.05
淨經營資產總計	672.77	757.54	837.08	924.98	1,022.10

表 12-11（續）

	20×4 年	20×5 年	20×6 年	20×7 年	20×8 年
金融負債					
短期借款	134.55	151.51	167.42	185.00	204.42
長期借款	67.28	75.75	83.71	92.50	102.21
金融負債合計	201.83	227.26	251.12	277.49	306.63
金融資產	0.00	0.00	0.00	0.00	0.00
淨負債	201.83	227.26	251.12	277.49	306.63
股本	310.97	310.97	310.97	310.97	310.97
年初未分配利潤	101.84	159.97	219.30	274.98	336.51
本年利潤	145.05	150.33	165.14	181.40	200.45
本年股利	86.92	91.00	109.46	119.88	132.46
年末未分配利潤	159.97	219.30	274.98	336.51	404.50
股東權益總計	470.94	530.28	585.96	647.48	715.47
淨負債和股東權益總計	672.77	757.54	837.08	924.98	1,022.10

表 12-12　利泰公司較好情況下的預計現金流量表

單位：萬元

	20×4 年	20×5 年	20×6 年	20×7 年	20×8 年
稅後經營利潤	155.41	162.00	178.03	195.65	216.19
加：折舊與攤銷	33.64	37.88	41.85	46.25	51.10
減：經營營運資本增加	41.52	42.38	39.77	43.95	48.56
＝營業現金淨流量	147.53	157.49	180.12	197.95	218.73
減：淨經營性長期資產增加	41.52	42.38	39.77	43.95	48.56
折舊與攤銷	33.64	37.88	41.85	46.25	51.10
＝實體現金流量	72.37	77.23	98.49	107.75	119.07
債務現金流量					
稅後利息費用	10.36	11.67	12.89	14.24	15.74
減：短期借款增加	16.61	16.95	15.91	17.58	19.42
長期借款增加	8.30	8.48	7.95	8.79	9.71
＝債務現金流量	(14.55)	(13.76)	(10.97)	(12.12)	(13.40)
股權現金流量					

項目十二　財務預測

表 12-12（續）

	20×4 年	20×5 年	20×6 年	20×7 年	20×8 年
股利分配	86.92	91.00	109.46	119.88	132.46
減：股權資本發行	0	0	0	0	0
=股權現金流量	86.92	91.00	109.46	119.88	132.46
實體現金流量	72.37	77.23	98.49	107.75	119.07

復習思考

1. 財務預測的基本框架是什麼？
2. 什麼是財務假設？主要的財務假設有哪些？
3. 為什麼需要預計財務報表？預計財務報表的結構如何？
4. 什麼是敏感性分析？敏感性分析的作用是什麼？

財務報表分析

項目十三　發展能力分析

　　企業的發展能力，也稱企業的成長性，它是企業通過自身的生產經營活動，不斷擴大累積而形成的發展潛能。企業能否健康發展取決於多種因素，包括外部經營環境、企業內在素質及資源條件等。而傳統的財務分析僅關注企業的靜態財務狀況與經營成果，強調償債能力和盈利能力分析，對企業的發展能力不夠重視，一直未形成系統的分析體系和方法。評價企業發展能力，從宏觀角度講，可促進國民經濟總量的不斷發展；從微觀角度講，可促進企業經營者重視企業的持續經營和經濟實力的不斷增強。

任務一　企業價值增長率

　　衡量企業發展能力的核心是企業價值增長率，這是眾多財務管理研究者達成的共識。但企業價值是一個抽象的概念，如何去描述企業價值是一個難題。在現有的財務理論中，有許多價值評估模型，而這些模型並未得到人們一致的認可，使企業價值的描述受各種不同評估模型的影響。通常地，可以用淨收益增長率來近似地描述企業價值的增長，並將其作為企業發展能力分析的重要指標。淨收益增長率（Net Earnings Growth Rate）是指當年留存收益增長額與年初淨資產的比率，淨收益增長率的收益是指在淨資產收益率的基礎上，留在企業用於企業發展並形成淨資產的收益。但必須指出，這只能揭示企業發展能力的一個側面，還需要以淨收益增長率為基點，對影響企業淨收益增長率的因素進行分析，以對企業的發展能力有一個全面的把握。

項目十三　發展能力分析

計算淨收益增長率最簡單的方法為：

$$g = ROE \times (1-D/E) \text{ 或 } E(1-D/E)/OE = \Delta RE/OE$$

其中：g 為每年淨收益增長率；

ROE 為年初淨資產（包括優先股）收益率；

D 為每年的普通股股利和優先股股利；

E 為每年的淨收益；

D/E 為股利支付率；

$(1-D/E)$ 為留存比率；

OE 為年初淨資產；

ΔRE 為當年留存收益變化。

該公式表示企業在不發行新的權益資本並維持一個目標資本結構和固定股利政策條件下，企業未來淨收益增長率是期初淨資產收益率和股利支付率的函數表達式。

企業未來淨收益增長率不可能大於期初淨資產收益率。從上式中可以看出，企業淨資產收益率和留存比率是影響企業淨收益增長的兩個主要因素。在 ROE 不變時，淨收益增長率與淨資產收益率和留存比率成正比例關係。留存比率之所以會影響企業淨收益增長率，是因為留存收益形成企業新的股本資本，在現有淨資產收益率的基礎上獲得收益，實質上是企業淨資產規模的不斷擴大。企業留存比率越高，淨收益增長率也越高，反應企業為取得長遠發展限制了股利的發放，而將資源留用於企業。淨資產收益率對淨收益增長率的影響不僅在於本身改變所產生的淨收益的變化，還在於在留存比率確定基礎上，反應企業新增資本取得收益的能力。

由於淨資產收益率的重要作用，在實際運用中經常把淨收益增長擴展成包括多個變量的表達式，其擴展式為：

$$g = \frac{淨收益}{銷售收入} \times \frac{銷售收入}{資產} \times \frac{資產}{權益} \times (1 - \frac{股利}{淨收益}) \text{ 或：} g = 銷售利潤率 \times 資產週轉率 \times 槓桿比率 \times 留存比率$$

綜上所述，我們得出以下結論：當企業在其他方面保持不變的情況下，只能按等式中 g 的速度每年增長。當企業增長速度超過 g 時，上述四個比率必須改變，也就是企業要想超速發展，要麼提高自己的經營效率（資產週轉率），要麼增強自己的獲利能力（銷售利潤率），或者改變自己的財務政策（股利政策和財務槓桿）。

也就是說，企業可以通過調整自己的經營效率、獲利能力及財務政策來改變或適

應自己的增長水平。假定一個企業的留存比率為0.75，銷售利潤率為10%，資產週轉率為1，財務槓桿為2，這時淨收益增長率為15%（0.75×10%×1×2）。當企業的實際增長率超過15%，假設達到20%時，它可以通過改變股利政策，將留存比率提高到1來滿足增長率的需要；或將財務槓桿提高到2.67；也可以提高資產運用效率，使資產週轉率達到1.33；還可以將自己的獲利能力提高到13.33%；等等。當然也可以對上述幾方面同時進行調整和改變。不過，上述調整和改變在現實生活中並不是很容易做到。股利政策的改變可能會引起股東的不滿而無法實施，而且這方面的改變限度最多是不分配。財務槓桿的提高可能會增大企業債權人的風險水平而使融資成本增高，從而抵消了一部分效果，也可能會因原有債權人貸款契約中的某些限制而無法得以實現。由於競爭，銷售利潤率往往並不是企業自己可以決定的。資產週轉率因行業特徵及原有的管理運作習慣並非很容易擺脫。

在實際情況下，實際的淨收益增長率與測算的淨收益增長率常常不一致，這是由上述四項比率的實際值與測算值不同所導致的。當實際增長率大於測算增長率時，企業將面臨現金短缺問題；當實際增長率小於測算增長率時，企業存在多餘現金。

以淨收益增長率為核心來分析企業的發展能力，其優點在於各分析因素與淨收益增長率存在直接聯繫，有較強的理論依據；缺點在於以淨收益增長率來代替企業的發展能力存在一定的局限性，企業的發展必然會體現到淨收益的增長上來，但並不一定是同步增長關係，企業淨收益的增長可能會滯後於企業的發展，這使得我們分析的淨收益增長率無法反應企業真正的發展能力，而只能是近似代替。

任務二　影響價值變動的因素

雖然對企業價值進行評估存在著方法及實施上的困難，很難計算出企業價值的增長率，但是我們可以換一個角度來考慮問題，即不去計算企業價值的增長率，而是對影響企業價值增長率的因素進行分析。影響企業價值增長的因素主要有以下幾個方面：

（1）銷售收入。企業發展能力的形成要依託企業不斷增長的銷售收入。銷售收入

項目十三　發展能力分析

是企業收入的主要來源，也是導致企業價值變化的根本動力，只有銷售收入不斷穩定地增長，才能體現企業的不斷發展，才能為企業的不斷發展提供充足的資金來源，企業的價值才得以增長。

（2）資產規模。企業的資產是取得收入的保障，在總資產收益率固定的情況下，資產規模與收入規模之間存在著正比例關係，同時總資產的現有價值反應著企業清算時可獲得的現金流入額。

（3）淨資產規模。在企業淨資產收益率不變的情況下，淨資產規模與收入規模之間也存在正比例關係，只有淨資產規模的不斷增長才能反應新的資本投入，表明所有者對企業的信心，同時為企業負債籌資提供了保障，有利於企業的進一步發展對資金的需求。

（4）資產使用效率。一個企業的資產使用效率越高，其利用有限資源獲得收益的能力越強，就越會給企業價值帶來較快的增長。

（5）淨收益。淨收益反應企業一定時期的經營成果，是收入與費用之差，在收入一定的條件下，費用與淨收益之間存在著反比例關係，只要不斷地降低成本，才能增加淨收益。企業的淨收益是企業價值增長的源泉，所有者可將部分留存於企業用於擴大再生產，而且相當可觀的淨收益會吸引更多新的投資人，有利於企業的進一步發展對資金的需求。

（6）股利分配。企業所有者從企業獲得的利益分為兩個方面：一是資本利得，二是股利。一個企業可能有很強的盈利能力，但企業如果把所有利潤都通過各種形式轉化為消費，而不注意企業的資本累積，那麼即使這個企業效益指標很高，也不能說這個企業的發展能力很強。

按照這一分析思路，可以對影響企業發展的因素進行比較全面的分析，且能夠得出對企業發展能力比較全面的看法，但對於各個因素的增長與企業發展的關係無法從數量上加以確定。

在實務中，分析者常常採用這一思路分析企業的發展能力。不同時期企業採用的發展戰略是不同的，因此在運用該方法時，要結合企業發展戰略進行分析。若採用的是資本擴張戰略，企業將會有大量的收購活動，資產規模迅速增長，但不一定會帶來淨收益的快速增長，這類企業的分析重點應放在資產或資本的增長上；若採用低成本戰略，企業會在現有資產規模的基礎上，充分挖掘內部潛力，採用積極的辦法降低成

財務報表分析

本，保障產品質量，雖然企業的資產或資本規模發展緩慢，但淨收益增長可能會較快，因此對這類企業的分析重點應放在淨收益增長和資產使用效益上。

任務三 企業發展能力分析指標

在任務二中我們討論了影響企業價值的變動因素，本部分討論按該思路建立的反應企業發展能力的指標體系。

一、銷售增長指標

銷售（營業）增長率（Sales Growth Rate）是指企業本年銷售（營業）收入增長額同上年銷售（營業）收入總額的比率。銷售（營業）增長率表示與上年相比，企業銷售（營業）收入的增減變動情況，是評價企業成長狀況和發展能力的重要指標。其計算公式為：

銷售（營業）增長率＝本年銷售（營業）增長額÷上年銷售（營業）收入總額×100%

式中，本年銷售（營業）增長額是企業本年銷售（營業）收入總額與上年銷售（營業）收入總額的差額，即本年銷售（營業）增長額＝本年銷售（營業）收入總額－上年銷售（營業）收入總額。若本年銷售（營業）收入總額低於上年，則本年銷售（營業）增長額用「－」表示。從上述公式中可以看出，該指標反應的是銷售收入增長的相對數，與絕對數相比，它能消除企業經營規模對指標的影響，更能反應企業的發展情況。

某股份有限公司1996—2000年的銷售增長率如表13-1所示。

表 13-1　1996~2000年四川明星電力股份有限公司銷售增長率計算表

項目	1996年	1997年	1998年	1999年	2000年
主要業務收入（萬元）	7,906.29	14,409.19	16,944.28	18,294.2	19,248.58
銷售增長率（%）		82.25	17.59	7.97	5.22

項目十三 發展能力分析

從表 13-1 可知，該公司 1997—2000 年銷售增長率分別為 82.25%、17.59%、7.97% 和 5.22%，波動幅度較大，這與當時的宏觀經濟形勢是密切相關的。

在利用該指標分析企業發展能力時應注意以下幾點：

（1）銷售（營業）增長率是衡量企業經營狀況和市場佔有能力、預測企業經營業務拓展趨勢的重要指標，也是企業擴張增量資本和存量資本的重要前提。不斷增加的銷售（營業）收入，是企業生存的基礎和發展的條件。例如，世界企業 500 強就主要按企業銷售收入的多少進行排序。

（2）該指標若大於 0，表示企業本年的銷售（營業）收入有所增長，且指標值越高，表明其增長速度越快，企業市場前景越好；該指標若小於 0，則說明企業的產品銷路不暢、質次價高，或在售後服務等方面存在問題，市場份額萎縮。

（3）在對該指標進行實際分析時，應結合企業歷年的銷售（營業）收入水平、企業市場佔有情況、行業未來發展及其他影響企業發展的潛在因素進行前瞻性預測，或結合企業前三年的銷售（營業）收入增長率做出趨勢性分析判斷。同時，在分析過程中要確定比較標準，因為單獨的一個發展能力指標並不能說明所有的問題，只有對企業之間或本企業各年度之間進行比較才有意義。

（4）銷售（營業）增長率作為相對量指標，也存在受增長基數影響的問題。如果增長基數即上年銷售（營業）收入額特別小，即使銷售（營業）收入出現較小幅度的增長，也會出現較大的數值，不利於企業之間的比較。

銷售（營業）增長率可能受銷售（營業）收入短期波動對指標產生的影響，如果上年因特殊原因而使銷售（營業）收入特別小，而本年則恢復到正常，這就會造成銷售（營業）增長率因異常因素而偏高；如果上年因特殊原因而使銷售（營業）收入特別高，這就會造成銷售（營業）增長率因異常因素而偏低。為消除銷售（營業）收入短期的異常波動對該指標產生的影響，並反應企業較長時期的銷售（營業）收入增長情況，可以計算若干年內的銷售（營業）收入平均增長率。在實務中一般計算三年的銷售（營業）收入平均增長率。

三年的銷售（營業）收入平均增長率表明的是企業銷售（營業）收入連續三年的增長情況，可以體現出企業的發展潛力。

其計算公式為：三年的銷售（營業）平均增長率 = $\{[$年末銷售（營業）收入金額 ÷ 三年前末銷售（營業）收入總額$]^{1/3} - 1\} \times 100\%$

式中，年末銷售（營業）收入總額是指當年的銷售（營業）收入數，三年前年末銷售（營業）收入總額指企業三年前的銷售（營業）收入數。利用三年的銷售（營業）收入平均增長率標，能夠反應企業的銷售（營業）收入的增長趨勢和穩定程度，能較好地體現企業的發展狀況和發展能力，避免因少數年份銷售（營業）收入的不正常增長而產生對企業發展潛力的錯誤判斷。仍以表 13-1 數據為例，四川明星電力股份有限公司三年的銷售（營業）收入平均增長率為 ［(19248.58÷14409.19)$^{1/3}$—1］× 100%，即 10.13%。

二、資產增長及資產使用效率指標

1. 資產增長率（Assets Growth Rate）

資產代表著企業的實力，是取得收入的來源，也是企業償還債務的保障。資產的增長是企業發展的一個重要方面，也是企業價值增長的重要手段。從企業的經營實踐來看，資產的穩定增長是企業成長性好的標誌。對資產增長情況的分析包括絕對增長量分析和增長率分析兩種，較常用的是增長率分析。

資產增長率包括總資產增長率、固定資產增長率、流動資產增長率和無形資產增長率。

總資產增長率是指本年總資產增長額同年初資產總額的比率，該指標是從企業資產總量擴張方面來衡量企業的發展能力，表明企業規模增長的水平對企業發展後勁的影響。該指標越高，表明企業一定經營週期內的資產經營規模的擴張速度越快。其計算公式為：

總資產增長率＝本年總資產增長額÷年初資產總額×100%

式中，本年總資產增長額是指企業本年年末資產總額與年初資產總額的差額，本年總資產增長額＝資產總額年末數 — 資產總額年初數，如果本年資產總額減少，則用「—」表示。

固定資產增長率、流動資產增長率和無形資產增長率的計算與總資產增長率原理相同，目的是通過分析不同的資產構成及其變動，研究其對總資產增長率的影響，從而更全面地把握總資產增長率變動的原因。

某企業 1996—2000 年各資產數額及計算的增長率如表 13-2 所示。

項目十三 發展能力分析

表 13-2 某企業 1996—2000 年各項資產及增長率計算表

項目	1996 年	1997 年	1998 年	1999 年	2000 年
總資產（萬元）	22,544.04	27,022.88	33,622.14	63,552.25	71,897.34
總資產增長率（%）		19.88	24.42	89.02	13.13
流動資產（萬元）	6,802.19	8,680.88	11,996.65	24,841.73	21,856.39
流動資產增長率（%）		27.62	38.2	107.07	-12.02
固定資產（萬元）	13,009.84	13,541.86	13,425.93	16,776.78	24,791.01
固定資產增長率（%）		4.09	-0.86	24.96	47.77
無形資產（萬元）	676.4	661.76	647.12	1,893.01	1,852.68
無形資產增長率（%）		-2	-2	192.53	-2

從表 13-2 中可知，1998—1999 年的總資產、流動資產和無形資產波動幅度較大，總資產增長幅度大主要是因為流動資產和無形資產增長幅度大，分別為 107.07% 和 192.53%，從附錄會計報表的資產項目變化中可以看出，流動資產變動幅度大主要受貨幣資金、其他應收款、存貨變動的影響，其增長率分別為 163.4%、146.9% 和 144.91%。

與銷售（營業）增長率一樣，資產增長率也存在受資產短期波動因素影響的缺陷，為彌補這一不足，同樣可以計算三年的平均資產增長率，以反應企業較長時期內的資產增長情況，該指標的計算公式為：

三年的平均資產增長率 = [（年末資產總額÷三年前末資產總額）$^{1/3}$ — 1] ×100%

根據表 13-2 的數據分別計算三年的資產平均增長率為：

三年的平均總資產增長率 = [（71,897.34÷27,022.88）$^{1/3}$ -1] ×100% = 38.57%

三年的平均流動資產增長率 = [（21,856.39÷8,680.88）$^{1/3}$ -1] ×100% = 36.04%

三年的平均固定資產增長率 = [（24,791.01÷13,541.86）$^{1/3}$ -1] ×100% = 22.33%

三年的平均無形資產增長率 = [（1,852.68÷661.76）$^{1/3}$ -1] ×100% = 40.94%

以上計算結果表明，總資產及各項資產的三年平均增長較快，說明該企業具有較強的成長性。

在分析資產增長率的過程中，應注意以下問題：①與同行業企業間的比較，並注意企業之間的可比性，不同的競爭戰略對企業資產增長率的影響是不同的；②注意資產規模擴張的質與量的關係，提高資產的使用效率，使資產增長率與收益增長率相互協調，並使企業具備後續發展能力，避免資產的盲目擴張；③注意會計計量方法對總

資產計量的影響，不同企業會有不同的會計政策，使得對總資產的計量也會存在差異。

2. 固定資產成新率（Ratio of Fixed Assets to Net Worth）

固定資產成新率是企業當期平均固定資產淨值與平均固定資產原值的比率。其計算公式為：

固定資產成新率＝平均固定資產淨值÷平均固定資產原值×100%

式中，平均固定資產淨值是指企業固定資產淨值的年初數與年末數的平均值，平均固定資產原值是指企業固定資產原值的年初數與年末數的平均值。固定資產成新率反應了企業所擁有的固定資產的新舊程度，體現了企業固定資產更新的快慢和持續發展能力。該指標越高，表明企業固定資產比較新，對擴大再生產的準備比較充足，發展潛力較大。

某企業的固定資產成新率的計算表如表 13-3 所示。

表 13-3　某企業固定資產成新率計算表

項目	1996 年	1997 年	1998 年	1999 年	2000 年
固定資產原值（萬元）	16,889.57	18,771.85	19,323.28	24,997.83	28,625.73
固定資產淨值（萬元）	10,596.98	12,057.24	11,885.09	14,582.33	17,315.6
固定資產成新率（%）		63.53	62.85	59.72	59.48

上述計算結果表明，該企業固定資產成新率水平較低，呈逐年下降趨勢。儘管固定資產原值每年均在上升，但其上升的速度低於總資產和流動資產的速度。

在運用該指標進行分析時，應注意下列問題：①在運用該指標分析固定資產新舊程度時，應剔除企業應提未提折價對固定資產真實價值的影響；②在企業之間進行固定資產成新率指標的比較時，應注意不同折價方法對固定資產成新率的影響，一般來說，加速折價法下的固定資產成新率會低於直線法下的固定資產成新率；③固定資產成新率受企業發展週期影響較大，一個處於發展期的企業和處於衰退期的企業其固定資產的成新率會有明顯的不同。從總體上看，處於發展期的企業，其發展能力會高於處於成熟期或衰退期的企業。

三、資本擴張指標

1. 資本累積率（Rate of Capital Accumulation）

資本累積率是指企業本年所有者權益增長額同年初所有者權益的比率。其計算公

項目十三　發展能力分析

式為：

$$資本累積率 = 本年所有者權益增長額 \div 年初所有者權益 \times 100\%$$

式中，本年所有者權益增長額是指企業本年所有者權益與上年所有者權益的差額，即本年所有者權益增長額—所有者權益年末數額—所有者權益年初數額，若所有者權益減少，則用「—」表示，年初所有者權益是指所有者權益的年初數額。

資本累積率反應了企業所有者權益在當年的變動水平，體現了企業的資本累積情況，是企業發展強盛的標誌，也是企業擴大再生產的源泉，展示了企業的發展水平，是評價企業發展能力的重要指標。同時，資本累積率反應了投資者投入企業資本的保全性和增長性，該指標越高，表明企業資本累積越多，企業資本保全性越強，其應付風險、持續發展的能力也就越大。該指標若為負值，則表明企業資本受到侵蝕，所有者權益受到損害。從會計報表上看，資本累積主要來源於企業實現淨利潤的留存和股東追加的投資，但前者更能體現資本累積的本質，表現出良好的企業發展能力和發展後勁。

某企業的資本累積率如表 13-4 所示。

表 13-4　某企業的資本累積率計算表

項目	1996 年	1997 年	1998 年	1999 年	2000 年
股本（萬元）	6,182.32	8,655.25	12,982.87	14,644.39	14,644.39
資本公積（萬元）	4,534.48	4,534.48	2,988.79	21,838.94	21,838.94
盈餘公積（萬元）	2,876.47	3,890.63	6,268.14	7,834.21	11,100.61
未分配利潤（萬元）	4,321.89	5,386.27	7,471.69	13,735.98	15,774.86
所有者權益（萬元）	17,915.17	22,466.63	29,230.99	58,053.52	63,358.8
資本累計率（%）		25.42	30.11	98.6	9.14

從表 13-4 的計算結果表明，該企業資本累積率有一定的波動，但從總體上講，其資本累積水平較高，企業相當重視其發展能力的培育，增強了企業的發展後勁。從資本累積構成項目和利潤分配的方案看，該公司 1996 年按 10 送 4 分配股票股利，1997 年按 10 送 4 分配股票股利，並轉贈 1，從而形成了 25.42% 和 30.11% 的資本累積率。1998 年末進行利潤分配，當年實現的利潤全部留在企業，同時按 10 配 2 進行了配股籌資，配股價為每股 12.5 元，從而形成 98.6% 的資本累積率。1999 年既未分紅，也未增資擴股，因此資本累積率只有 9.14%。

為了彌補資本受短期波動因素影響的缺陷，同樣可以計算三年的資本平均增長率，

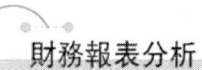

以反應企業較長時期內資本累積的平均增長情況。三年的資本平均增長率計算公式為：

三年的資本平均增長率＝〔（年末所有者權益總額÷三年前末所有者權益總額）$^{1/3}$－1〕×100%

三年的資本平均增長率反應了企業資本連續三年的累積情況，體現了企業的發展水平和發展趨勢。該指標越高，表明企業所有者權益得到的保障程度越大，企業可以長期使用的資金越充足，抗風險和保持連續發展的能力越強。據表13-4數據計算的該指標為：

三年的資本平均增長率＝〔（63,368.8÷22,466.63）$^{1/3}$－1〕×100%＝41.28%

從計算結果可知，企業該指標水平較高，反應了企業資本增值的歷史發展狀況及穩步發展的趨勢。

2. 股利增長率（Dividend Growth Rate）

資本的擴張體現在所有者權益的增長上，而所有者權益的增長主要包括兩個方面：一方面外來資金的投入導致資本的擴張，在報表上體現為實收資本或股本的增加；另一方面留存收益的增加導致了資本的擴張，在報表上體現為盈餘公積和未分配利潤。後一種資本擴張是建立在企業盈利水平的基礎上的，是衡量企業發展能力的重要指標。當然，企業的盈利並非全部形成留存收益，這取決於企業的股利分配政策。從會計報表上看，現金股利與留存收益是呈反比例關係，現金股利越多，留存收益越少，則資本擴張速度越慢。因此，我們可以通過股利增長率來衡量企業的發展能力。

股利增長率是本年發放現金股利增長額與上年發放現金股利的比率，反應了企業現金股利的增長情況。其計算公式為：

股利增長率＝本年每股股利增長額÷上年每股股利×100%

式中，本年每股股利增長額為本年發放的每股現金股利與上年發放的每股現金股利的差額，上年每股股利為上年發放的每股現金股利。

某企業的財務報表編製表如表13-5所示。

表13-5　股本及利潤分配情況表　　　　　　　　　　　　單位：萬元

項目	1996年	1997年	1998年	1999年	2000年
股本	6,182.32	8,655.25	12,982.87	14,644.39	14,644.39
所有者權益	17,915.17	22,466.63	29,230.99	58,053.52	63,358.8
淨利潤	2,626.72	5,070.77	7,815.52	8,031.86	8,166.01

項目十三 發展能力分析

表 13-5（續）

項目	1996 年	1997 年	1998 年	1999 年	2000 年
可供分配的利潤	4,847.24	9,392.67	12,905	15,398.16	21,970.14
提取的盈餘公積	525.34	1,014.16	2,355.61	1,662.17	3,266.4
轉作股本的股利			3,462.1		
應付現金股利		2,992.24			2,928.88
未分配利潤	4,321.9	5,386.27	7,087.29	13,735.99	15,774.86

從表 13-5 中可知，該企業 1996至2000 年每年的淨利潤呈遞增趨勢（2000 年有所下降），但只有 1997 年和 2000 年對股東分配了現金股利，實現利潤的絕大部分都用於企業資本擴張，增強企業的發展能力和後勁，有利於企業的長遠發展。

復習思考

1. 如何衡量企業的發展能力。
2. 影響企業價值增長的因素有哪些？
3. 企業發展能力分析指標有哪些？

項目十四　合併財務報告分析

在吸收合併和創立合併形式下，進行吸收的企業或新成立的公司，仍然是一個單一的經濟主體和法律主體，其合併後只是作為單一會計主體處理其會計實務，不涉及合併會計報表的問題。而在控股合併的形式下，無論是母公司或子公司，在集團內部都將作為獨立的法律主體繼續經營，並保持各自的會計記錄，編制各自的財務報表。只是在處理合併業務時，母公司要對取得子公司控股權的業務長期投資的會計業務進行記錄。雖然在法律上它們仍為獨立的法人，但從經濟實質上來看，它們畢竟形成了一個企業集團。為了正確地反應出集團整體的財務狀況和經營成果，滿足財務報表使用者對企業集團整體會計信息瞭解的需要，就有必要為這個整體另外編制一套會計報表，這類報表也就是我們所說的合併會計報表。

任務一　合併會計報表概述

一、企業合併的含義與原因

1. 企業合併的含義

企業合併，指一個企業獲得對另一個或另幾個企業控製權的結果，或指兩個或若干個企業實行股權聯合的結果。合併的實質是控製，而不論這個新的企業或企業集團是否只存在單一的經濟主體和法律主體。企業的合併可以按不同的標誌加以分類，最

項目十四 合併財務報告分析

常見的是按照法律形式和合併所涉及的行業加以分類。

（1）按照法律形式，企業合併可以分為吸收合併、創立合併和控股合併三種。①吸收合併，也稱為兼併，指一家公司取得其他一家或幾家企業的淨資產，而後者宣告解散。其結果是只剩下一個單一的經濟主體和法律主體。②創立合併，也稱新設合併，指現存的幾家企業以其淨資產換取新成立的公司的股份後宣告解散。其結果仍然是只留下一個單一的經濟主體和法律主體。③控股合併，指一家企業購進了另一家有投票表決權企業的股份，且已達到控股比例的企業合併形式。其結果是形成一個母、子公司組成的企業集團，其中的每個公司都是獨立的經濟主體和法律主體。

（2）按照合併所涉及的行業，企業合併又可分為橫向合併、縱向合併和混合合併三種。①橫向合併，也稱水平式合併，是指從事同樣生產或服務的企業單位的合併。②縱向合併，也稱垂直式合併，是指從事直接相關的生產或服務的企業單位的合併。③混合合併，也稱跨行業合併，是指從事無直接關係行業的生產或服務的企業單位的合併。

2. 企業合併的主要原因

一般來說，企業合併的主要原因是創造協同優勢，即要使合併後主體的價值大於組成它的原先個別部分價值的總和，具體來說，就是：

（1）實現價值增長。通常我們把企業通過職工努力、耗費資源強行拓展新市場等企業內部實現增長的方式描繪成內部有機增長。與此不同的是，合併是通過直接購買市場上現有企業資源的方式來實現價值增長的目的。

（2）達到規模經濟。一般認為擴大資本經營規模可以降低平均成本，從而提高資本利潤，因而企業合併一方面可以通過資本優勢謀求平均成本的下降，另一方面可以通過消除重複作業，消除過剩生產能力來獲得規模經濟。

（3）優化資本要素。企業合併一般是一個相互消化吸收對方長處、揚棄弱處的系統優化組合的過程。通過企業合併，可以實現人力資源的優化組合、勞動時間的優化組合、資本財務的優化組合、物力的優化組合、科學技術與管理要素的優化組合以及內外關係環境的優化組合等。

（4）消除競爭。競爭對手想通過擴大市場份額，以取得對市場更廣泛的控制，這正是各國管理機關嚴格監管收購的原因。

（5）確保原料來源。如果一個企業為瞭解決原料或零部件長期供應的困難，它可

能決定對供應商進行收購以控制供應品的供應時間、數量和質量，減少中間環節。

（6）分散經營風險。分散企業的產品和市場範圍，形成生產的規模優勢和銷售的規模優勢，這樣公司的整體經營風險就可以減少。尤其在核心業務經營風險較高時，減低風險往往是企業合併以達到多元化經營的一大動機。此外，替代處於衰落狀態的特殊工業以及消除某些業務週期性的不穩定因素的影響，都可以通過合併後的多元化經營來實現。

二、合併會計報表的性質與範圍

1. 合併會計報表的產生

控股合併的發展帶來了一系列的問題，一些母公司利用對子公司的控制和從屬關係，採用內部轉移價格等手段，如用低價向子公司提供原材料、高價收購子公司產品等來轉移利潤，用高價對子公司銷售產品、低價購買原材料等來轉移虧損。公司的財務報告使用者為了避免這些人為地操作利潤、粉飾會計報表的行為，要求母公司通過編制合併會計報表，將其所控制的子公司的經營情況和自身的經營情況綜合地反應出來。

值得注意的是，子公司、母公司與集團的含義受到許多因素的制約，在世界各國仍無統一的確認標準。中國由於企業改制、企業的集團化經營尚處於起步階段，在實際操作過程中，母公司、子公司的相對位置的形成以及企業集團的形成也呈現出多樣化、不規範的狀態，讀者應注意區分「集團」在不同目的、條件下的不同含義。

在中國目前存在的企業集團中，不論是由產供銷關係所形成的企業集團、科工貿企業集團，還是由行政性關係所形成的企業集團即「六統一」企業集團，由於不存在嚴格意義上的控制與被控制的關係，均不涉及合併報表編制問題。只有因產權關係而形成的企業集團，才涉及合併報表編制問題。

2. 合併會計報表

合併會計報表又稱合併財務報表。它是以母公司和子公司組成的企業集團為會計主體，由母公司編制的綜合反應企業集團整體財務狀況、經營成果及現金流量變動情況的會計報表。簡單地說，合併報表僅僅反應企業集團這一經濟實體和其外部之間發生的經濟業務。為了正確理解合併會計報表的概念，我們有必要瞭解合併會計報表與其他相關概念的差異。

項目十四 合併財務報告分析

（1）合併會計報表與個別會計報表。這裡的個別會計報表，是指以集團內各母公司、子公司為會計主體編制的，體現各獨立法人單位財務狀況與經營成果的報表。其與合併報表的差異主要體現在：反應的對象不同，編制的方法不同，編制的目的不同。

（2）合併會計報表與匯總會計報表。這裡的匯總會計報表主要是指對由行政管理部門所報送的報表中的各項目進行加總編制的報表。其與合併會計報表的差異主要體現在：編制的主體不同，編制目的不同，確定編制範圍的依據不同，反應的對象不同，編制的方法不同。

（3）合併會計報表與投資。母公司與子公司組成的企業集團，是由母公司對子公司的投資形成的。母公司或者直接投資組建子公司，或者通過購買其他單位的股份使其成為子公司，從而形成企業集團。可見，合併會計報表是與公司的對外投資聯繫在一起的。沒有對外投資，就不會使兩個公司形成母公司與子公司的關係，沒有母公司與子公司組成的企業集團，也就不存在合併會計報表問題。但是，也並非公司的全部對外投資都涉及編制會計報表的問題。我們可以從投資的概念入手，簡單分析之（如圖14-1所示）。

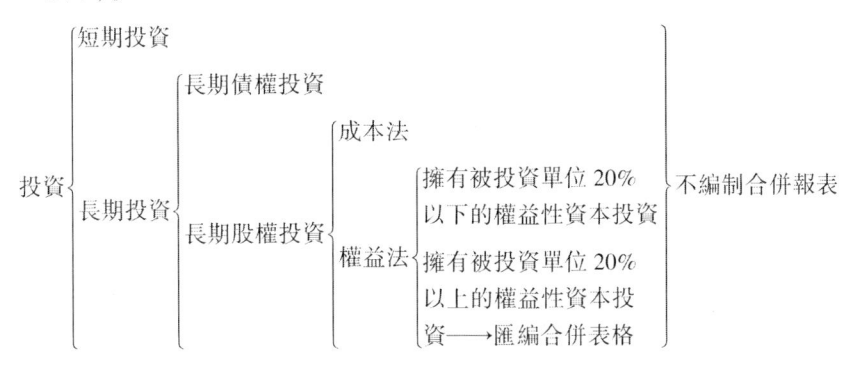

$$\text{投資}\begin{cases}\text{短期投資}\\ \text{長期投資}\begin{cases}\text{長期債權投資}\\ \text{長期股權投資}\begin{cases}\text{成本法：擁有被投資單位20\%以下的權益性資本投資}\\ \text{權益法：擁有被投資單位20\%以上的權益性資本投資} \longrightarrow \text{匯編合併表格}\end{cases}\end{cases}\end{cases} \text{不編制合併報表}$$

圖14-1 投資的概念

其中，短期投資運用的是短期閒置資金，其目的僅僅是為了取得短期資金收益，而不在於控製和影響被投資企業。

長期債權投資主要是債券投資，其目的是為了獲取債券的利息收入，不能參與發行企業的經營決策，更不能對被投資企業實施控製。

成本法：當投資企業只擁有被投資企業20%以下權益性資本時，一般表明對被投資企業沒有重大影響，不能影響被投資企業的經營政策和財務政策。

權益法：當投資企業擁有被投資企業20%或20%以上的權益性資本時，一般表明

對被投資企業有重大影響，能影響被投資企業的經營政策和財務政策。

3. 合併會計報表的合併範圍

編制合併會計報表，首先碰到的問題就是要界定企業集團的合併範圍，而合併範圍的界定，在很大的程度上與編制合併會計報表採用的合併理論有關。

(1) 合併理論。目前國際上編制合併會計報表的合併理論主要有母公司理論、實體理論和所有權理論。

①母公司理論 (Parent Company Theory)。母公司理論是將合併會計報表視為母公司本身的會計報表的延伸和擴展，從母公司的角度來考慮合併會計報表的合併範圍。它強調的是母公司股東的利益。在美國和英國的合併會計報表實務中，主要採用的是母公司理論。國際會計準則委員會制定的有關合併會計報表的準則，基本上採用的也是母公司理論。

②實體理論 (Entity Theory)。實體理論認為合併會計報表是企業集團各成員企業構成的經濟聯合體的會計報表，編制合併會計報表是為整個經濟實體服務的，它強調的不是母公司，而是企業集團中所有成員企業構成的經濟實體。德國的合併會計報表實務中更多的是採用實體理論。

③所有權理論 (Ownership Theory)。所有權理論是指在編制合併會計報表時，既不強調企業集團中存在的法定控制關係，也不強調企業集團的各成員企業所構成的經濟實體，而是強調編制合併會計報表的母公司對另一公司的經濟活動和財務決策具有重大影響的所有權。

(2) 合併範圍是指在母公司編制合併報表中所涉及的子公司範圍。由於各國在合併時所運用的合併理論及各國實際情況的不同，導致各國合併範圍存在較大差異。其共同點是合併範圍均排除一些不宜合併的企業。

《國際會計準則》在其27號準則——《合併財務報表和對子公司投資的會計》中規定，合併財務報表中包括由母公司控制的全部企業。但下列情況下的子公司，通常不在合併報表之列：①購入和持有子公司是專門為了在近期內賣出，因此控制是暫時性的。②在嚴格的長期性限制條件下營業，大大削弱了其向母公司轉移資金的能力。

對於這類子公司，應當根據《國際會計準則》25號《投資會計》的規定，視同投資進行會計處理。

在中國《合併會計報表暫行規定》中主要採用的是母公司理論，只在抵消分錄中，

項目十四　合併財務報告分析

採用實體理論全部抵消的做法以簡化工作。該暫行規定明確規定，母公司在編制合併會計報表時，應當將其所控製的境內外所有子公司納入合併會計報表的合併範圍。

根據該規定，中國合併會計報表的合併範圍具體如下：①母公司擁有其過半數以上（不包括半數）權益性資本的被投資企業。這裡的權益性資本是指對企業有投票權，能夠據此參與企業經營管理決策的資本，如股份有限公司中的普通股、有限責任公司中的投資者出資額等。在會計實務中，它具體又包括以下三種情況：第一，母公司直接擁有其過半數以上權益性資本的被投資企業和 A 公司直接擁有 B 公司發行的普通股總數的 51%，此時，B 公司就成為 A 公司的子公司，A 公司編制合併會計報表時，則必須將 B 公司納入其合併範圍。第二，母公司間接擁有其過半數以上權益性資本的被投資企業。這種情況是指母公司通過子公司的子公司擁有半數以上權益性資本。例如，A 公司擁有 B 公司 90% 的股份，B 公司又擁有 C 公司 70% 的股份。此時，A 公司通過其子公司間接擁有和控製了 C 公司 70% 的股份，從而 C 公司也是 A 公司的子公司，A 公司編制合併會計報表時，也應將 C 公司納入其合併範圍。第三，母公司直接和間接擁有其過半數以上權益性資本的被投資企業。這種情況是指母子公司雖然只擁有其半數以下的權益性資本，但通過與子公司合計則擁有其過半數以上的權益性資本，例如，A 公司擁有 B 公司 70% 的股份，擁有 C 公司 35% 的股份；B 公司擁有 C 公司 30% 的股份。此時，A 公司通過其子公司 B 公司間接擁有和控製了 C 公司 30% 的股份，與直接擁有的 35% 的股份合計，A 公司共擁有和控製 C 公司 65% 的股份，從而 C 公司屬於 A 公司的子公司，被納入 A 公司編制合併會計報表時的合併範圍。②其他被母公司所控製的被投資企業。母公司對於被投資企業雖然不持有其過半數以上的權益性資本，但母公司與被投資企業之間有下列情況之一的，應當將該被投資企業作為母公司的子公司，納入合併會計報表的合併範圍：通過與該被投資公司的其他投資者之間的協議，持有該被投資公司半數以上表決權；根據規定的章程或協議，有權控製企業的財務和經營政策；有權任免董事會等類似權力機構的多數成員；在董事會或類似權力機構會議上有半數以上投票權。③在母公司編制合併會計報表時，下列子公司可以不包括在合併會計報表的合併範圍之內：已關、停、並、轉的子公司；按照破產程序，已宣告被清理整頓的子公司；已宣告破產的子公司；準備近期售出而短期持有其半數以上的權益性資本的子公司；非持續經營的所有者權益為負數的子公司；受所在國外匯管制及其他管制政策影響，資金調度受到限制的境外子公司。

三、合併會計報表的一般原理

1、購買法與權益集合法

目前，國際上合併報表的編制一般有兩種方法：購買法和權益集合法。

（1）購買法（Purchase Method）。購買法是目前西方國家公司在合併會計處理中較流行的做法。這種方法實際上是假定公司合併是母公司取得其合併範圍內子公司的部分或全部淨資產的一項交易，這種交易與公司從外部購買設備、材料等活動沒有任何差異。一般地，當母公司以實物資產購買子公司時，應採用購買法編制合併會計報表。

購買法的主要特點是：①被控股公司股份的取得是以母公司有實物資產流出為代價的。母公司的長期股權投資按實際取得時的成本（即實物資產的價值）入帳。②在合併會計報表中公司的淨資產按股權取得日的公允市價而不是按帳面價值列示。③母公司長期股權投資與被控股公司淨資產相應份額之差為商譽，在合併會計報表中予以確認。④企業集團合併後的合併損益僅包括股權取得的日後屬於集團的那部分。

（2）權益集合法（Pooling of Interests）。在權益集合法下，合併後企業的所有資產均按照參與合併的各企業資產原來的帳面價值記錄，其實質是現有公司的股東權益在新的會計主體下的聯合和繼續。此時的公司合併不是一種購買行為，不存在購買價格的確定，因此母公司不能按投資的市價入帳。當公司進行控股合併採用的是用增發的本公司的股票換取被控股公司股票的形式時，一般採取此方法。

權益集合法的特點是：①對母公司用於與被控股公司股東交換的股票的計價，不是按市價而是按面值計價。母公司的長期股權投資的入帳價值為換出股票的面值。②對被控股公司不存在確認商譽的問題。③不論合併發生在哪個時點，合併會計報表的編制不再區分合併前損益與合併後損益，合併範圍內公司的整個年度的損益均包括在合併會計報表中，就像一直在合併一樣。

值得注意的是，權益集合法的運用必須滿足一定的標準。英國、美國等國家對權益集合法的應用範圍、應用條件等都制定了一系列嚴格的限制性條款。因此，近年來，西方公司合併較流行採用購買法，權益集合法的使用比例大大降低了。

為了正確理解購買法與權益集合法，我們有必要弄懂一個重要概念——商譽。一般而言，很難對商譽的性質做出精確的定義，因為每個企業的具體情況都會使之發生變化。然而，在大多數情況下，從技術角度講，商譽可被簡單地視為企業購入成本超

項目十四 合併財務報告分析

過所購入的淨資產的公允價值的部分,它代表了對這部分資產超過正常收益的盈利能力的一種預測。商譽只有在交易過程中才能在公司的帳面上進行確認。商譽是企業不可分割的一部分,它不能夠被視為一項獨立於企業的可銷售的資產。在購買法下,商譽應在合併報表時予以確認,而在權益集合法下則不存在商譽的確認問題。

下面舉例來簡單地說明權益集合法與購買法在合併報表中的差異。

例1:假設A股份有限公司用發行A公司股票的方法購買B股份有限公司的全部股本,A股份有限公司和B股份有限公司中的每股股票的現行價值均為3元,A股份有限公司發行1,000股以交換B股份有限公司1,000股,A、B公司合併前的基本情況如表14-1所示。

表14-1 合併前A、B公司的個別資產負債表　　　　單位:元

資產	個別資產負債表	
	A公司	B公司
資產淨值	2,500	1,500
資產合計	2,500	1,500
負債與所有者權益		
普通股,每股1元	1,500	1,000
未分配利潤	1,000	500
負債與權益統計	2,500	1,500

在購買法下,股票交換價值為3,000元(即1,000×3),產生股本溢價2,000元(即2×1,000);而在權益集合法下,不是按照現行價值而是按照它們的面值來計算股票交換價值,為1,000元(即1,000×1),無股票溢價發生,具體情況見表14-2、表14-3所示。

表14-2 A股份有限公司股票發行後資產負債表　　　　單位:元

資產	購買法	權益集合法
資產淨值(無變化)	2,500	2,500
長期投資—B公司	3,000	1,000
資產合計	5,500	3,500

表 14-2（續）

	購買法	權益集合法
負債與所有者權益		
普通股，每股1元	2,500	2,500
股本溢價	2,000	
未分配利潤（無變化）	1,000	1,000
負債與權益合計	5,500	3,500

表 14-3　集團合併資產負債表　　　　　　　　　單位：元

	購買法	權益集合法
資產		
資產淨值	4,000（2,500+1,500）	4,000（2,500+1,500）
商譽	1,500（3,000－1,500）	
資產合計	5,500	4,000
負債與所有者權益		
普通股，每股1元	2,500	2,500
股本溢價	2,000	
未分配利潤	1,000	1,500（1,000+500）
負債與權益合計	5,500	4,000

通過對表 14-3 的分析，我們可以看出，購買法與權益集合法相比，對合併會計報表的影響有以下不同：

（1）在購買法下，子公司的資產按公允價值列示；而在權益集合法下，則按各資產帳面價值來保留。

（2）在購買法下，子公司淨資產視為被購買，並已按公允價值列入合併會計報表，因此合併前的留存收益不列入合併會計報表；而在權益集合法下，合併報表的留存收益為合併前母公司與子公司的留存收益之和，因此權益集合法下的合併資產負債表的留存收益（1,500元）要高於購買法下的留存收益（1,000元）。採用購買法，只反應了合併後被控股公司的成果，這就制止了母公司利用子公司在收購前將利潤向自己的股東支付股利的行為。

（3）在購買法下，合併產生的商譽一般出現在合併資產負債表上；而在權益集合

項目十四　合併財務報告分析

法下，合併資產負債表並不會列示商譽。因為無需攤銷商譽，因此權益集合法會顯示較好的財務狀況，如現金餘額較大、資產負債率較低，在未來的經營期間還將報告較高的收益。

由於權益集合法的應用必須滿足嚴格的限定條件，所以下面我們將主要採用購買法來探討幾種主要合併會計報表的編制方法。

2. 合併會計報表編制的一般程序

合併會計報表編制較為複雜，必須遵循一定的程序，但牢記以下兩點可使合併程序中的困惑最小化：①母公司或子公司的帳簿或有關資料記錄，並不體現合併、調整和抵消的分錄。這些分錄僅僅反應在用於處理合併數據的工作底稿上，不需進行任何實際的帳務處理。②履行每一會計期間或每年的合併程序時，都可以將其看作初始合併。因為合併報表以個別報表為基礎編制，上年合併報表對本年集團內各公司的個別會計報表並無影響。

(1) 編制順序。

合併報表的種類主要包括合併資產負債表、合併利潤表、合併利潤分配表和合併現金流量表。通常地，合併現金流量表是以合併損益表和合併資產負債表為基礎編制的。合併資產負債表中「未分配利潤」項目的期末數，應直接取自於合併利潤分配表中「期末未分配利潤」項目，而合併利潤分配表中「淨利潤」項目的本年實際數，又直接取自合併利潤表中的「淨利潤」項目。基於上述勾稽關係，其恰當的合併順序應為：首先，合併利潤表，求得淨利潤；其次，將淨利潤過入利潤分配表，在合併利潤分配表後，求得期末未分配利潤；再次，將期末未分配利潤過入資產負債表，合併資產負債表；最後，在合併資產負債表和合併利潤表的基礎上編制出合併現金流量表。

(2) 合併報表編制一般包括的幾個步驟。

①編制合併工作底稿；②將母公司納入合併範圍的子公司的個別資產負債表、利潤表及利潤分配表各項目的數據過入合併工作底稿，並計算母公司、子公司個別會計報表各項目的加總合計數；③編制抵消分錄，將母公司與子公司相互之間發生的經濟業務對個別會計報表有關項目的影響進行抵消處理；④計算合併報表各項目的合併數額；⑤填列正式的合併會計報表。

3. 合併資產負債表

(1) 合併資產負債表編制的一般程序。其程序包括以下六步：

財務報表分析

第一步，將合併範圍內各企業資產負債表中除母子公司間的投資、債權債務、所有者權益外的其他資產項目直接相加，形成合併報表中的各相應項目金額。

第二步，母公司長期股權投資項目與子公司所有者權益中屬於母公司的部分相互抵消。具體來說，①在股權取得日，母公司的投資形成子公司所有者權益的一部分，由於經常會出現母公司的投資作價與子公司淨資產相應份額之間的差異——即子公司相應淨資產所包含的商譽，因而母公司的投資與子公司所有權益中的相應份額抵消後，將分解為子公司淨資產的相應份額與商譽。②在股權取得日後，由於母公司按權益法對其長期投資進行了處理，子公司在控股權變更後所增稅後淨利均在投資方（母公司）的長期投資收益中做出了相應調整。因此，股權取得日後母公司長期投資所增部分可直接與受資方受資後新增所有者權益的相應份額抵消。

第三步，母子公司債權與債務項目互相抵消。這主要涉及母子公司間的「應收帳款」與「應付帳款」「預付帳款」與「預收帳款」「應付債券」與「長期債券投資」「應收票據」與「應付票據」「應收股利」與「應付股利」以及「其他應收款」與「其他應付款」等項目。

第四步，存貨價值中包含的未實現內部銷售利潤的抵消。在集團內部購銷活動中，銷售企業將集團內部銷售作為收入確認並計算銷售利潤，而購買企業則是以支付購貨的價款作為其成本入帳。在本期內未實現對外銷售而形成期末存貨時，其存貨價值也相應地包括兩部分內容：一部分為真正的存貨成本，另一部分為銷售企業的銷售毛利。從企業集團整體來看，集團內部企業之間的商品購銷活動實際上相當於一個企業內部物質調撥活動，期末存貨價值中包含的這部分銷售毛利也不是真正實現的利潤，因此在合併時應予以剔除。

第五步，固定資產原價和無形資產價值中包含的未實現內部銷售利潤的抵消。

第六步，合併資產負債表所有者權益中的股本，僅包括集團母公司的股本。合併報表中所有者權益的其他項目，則包含母公司所有者權益的相應項目與子公司相應項目中屬於集團部分之和。

（2）合併資產負債表編製舉例，參見例2。

例2：2001年12月31日年度結束時，甲股份有限公司和它持有80%股份的子公司——乙股份有限公司的資產負債表如表14-4所示。取得股票時，乙股份有限公司的資本公積為30,000萬元，而盈餘公積則為40,000萬元。

項目十四　合併財務報告分析

表 14-4　合併前的資產負債表　　　　　　　　　　　　　單位：萬元

	甲公司	乙公司
資產		
應收帳款（淨）	4000	45000
存貨	6000	20000
固定資產（淨）	140000	150000
長期投資——乙公司	150000	
資產合計	300000	215000
負債與所有者權益		
應付帳款	10000	10000
長期應付款	10000	15000
股本	120000	100000
資本公積	55000	40000
盈餘公積	105000	50000
負債與權益合計	300000	215000

根據表 14-4 編制的合併資產負債表如表 14-5 所示。

表 14-5　2001 年 12 月 31 日合併資產負債表　　　　　單位：萬元

項目	金額
資產	
應收帳款	49000
存貨	26000
固定資產	290000
合併產生的商譽	14000
資產合計	379000
負債與所有者權益	
應付帳款	20000
長期應付款	25000
股本	120000
資本公積	63000
盈餘公積	113000
少數股東權益	38000
負債和權益合計	379000

財務報表分析

值得注意的是：當有證據顯示可辨認資產和負債的公允價值超過帳面價值或帳面價值超過公允價值時，投資成本超過所獲權益帳面價值的差額必須在特定的可辨認資產和負債以及商譽之間進行分配。這裡，為簡化計算，假定可辨認資產和負債的公允價值與帳面價值相等，因此，差額全部分配給商譽，一般按不超過40年攤銷。

在表14-5中，主要數據說明如下：

①集團內所有公司的固定資產和流動資產直接相加，成為合併資產負債表相應項目的金額。

②計算合併產生的商譽。

單位：萬元

投資成本（甲公司報表數）	150000
取得股本（80%×100,000）	80000
取得資本公積（80%×30,000）	24000
取得盈餘公積（80%×40,000）	32000
合併產生的商譽	14000

每年攤銷商譽 14,000÷40＝350 ③股本為母公司的股本。④計算合併後的資本公積和盈餘公積。

	資本公積	盈餘公積
甲公司自身	55,000	105,000
加：乙公司接受投資後新增公積屬於集團的部分	（40,000－30,000）×80%＝8,000	（50,000－40,000）×80%＝8,000
合計	63,000	113,000

⑤計算少數股東權益。

乙公司的股本（20%×100,000）	20,000
乙公司的資本公積（20%×40,000）	8,000
乙公司的盈餘公積（20%×50,000）	10,000
合計	38,000

4. 合併利潤表和合併利潤分配表

（1）合併利潤表及合併利潤分配表的編制方法。與合併資產負債表相比，合併利潤表及合併利潤分配表的編制較為簡單。其一般程序為：①將母子公司利潤表各項目（稅

後利潤各項目）直接相加，得到集團的稅後利潤。②在稅後利潤的基礎上，減去少數股東收益部分，即得到集團淨利潤。③需要進行抵消的有合併內部交易事項，主要包括：母子公司之間購銷活動所產生的內部銷售收入與內部銷售成本的抵消；內部應收帳款計提的壞帳準備的抵消；母子公司間相互持有債券或借貸款項而發生的內部利息收入和利息支出的抵消；母子公司內部投資收益等項目與子公司利潤分配有關項目等的抵消。

（2）合併利潤表與合併利潤分配表編制舉例，參見例3。

例3：表14-6是A股份有限公司和它持有80%股份的B股份有限公司的簡略利潤表及利潤分配表。

表14-6 某公司截至2002年12月31日的年度利潤表及利潤分配表

單位：萬元

	A公司	B公司
營業收入	125,000	63,000
投資收益——B公司	3,650	
營業成本	98,000	43,000
折舊費用——廠房	2,000	2,000
折舊費用——設備	6,000	7,000
利潤總額	22,650	11,000
所得稅	7,000	6,000
淨利潤	15,650	5,000
年初未分配利潤	10,000	5,000
減：股利	4,500	1,500
年末未分配利潤	21,150	8,500

根據表14-6編制合併利潤表及合併利潤分配表，如表14-7所示。

對表14-7的幾點說明：①合併的淨收益代表的是母公司股東的淨收益。少數股東收益在確定合併淨收益時是作為一個減少數。②合併損益表與母公司損益表之間的區別在於所列示的收入、費用及其明細項目上，而不在於淨收益的數額。通過比較A公司個別損益表和A公司與其子公司合併的損益表可以看出，A公司的個別損益表反應了A公司自身的營業收入和費用以及其對B公司的投資收益。而合併的損益表反應的是A公司和B公司兩者的收入和費用，但沒有反應A公司對B公司的投資收益。其中的3,650萬元投資收益並沒有被包括在合併損益表中，是因為合併損益表包括了詳細

說明這一投資收益的收入（63,000萬元）、費用（52,000萬元）、商譽的攤銷值（350萬元）、所得稅（6000萬元）以及作為減少數的少數股東收益（1000萬元）。③A公司的年末未分配利潤數額與合併損益表中年末未分配利潤數額相同。

表14-7　2002年年度的合併利潤表及合併利潤分配表　　　單位：萬元

項目	金額
營業收入	188,000
營業成本	141,000
折舊費用——廠房	4,000
折舊費用——設備	13,000
商譽攤銷	350
利潤總額	29,650
所得稅	13,000
淨利潤	16,650
少數股東收益（5,000×20%）	1,000
合併淨收益	15,650
年初未分配利潤	10,000
減：股利	4,500
年末未分配利潤	21,150

5. 合併現金流量表

（1）合併現金流量表的編制方法。合併現金流量表的編制方法從理論上講，有兩種方法：①根據母公司和納入合併範圍的公司的個別現金流量表進行編制。②在合併資產負債表、合併損益表的基礎上分析編制。這兩種方法有不同的特點，分別適用於不同的條件，企業應根據實際情況，做出合理選擇。第一種方法的編制原理、編制方法和編制程序與前面講過的合併資產負債表、合併利潤表及合併利潤分配表的編制原理、編制方法和編制程序相同。只需將成員公司個別現金流量表的對應項目進行合併，同時編制調整分錄，抵消公司間內部交易對集團現金流量表的影響，然後編制合併報表。採用該方法需要的資料有母公司獨立現金流量表和公司間內部交易資料。第二種方法類似於編製單個企業的獨立現金流量表，但它是以合併資產負債表、合併損益表為基礎，並對各成員公司的某些資料進行分析而編制的。比較兩種方法可以知道，第一種方法適合於在成員公司間內部交易較少的情況下採用，而在成員公司間內部交易

項目十四　合併財務報告分析

較多時則應當改用第二種方法。

根據中國會計準則規定，現金流量表的列報方式是：報表主體必須採用直接法，同時在補充資料中用間接法列報經營活動現金流量。同樣地，合併現金流量表的列報方式也須遵循此規定。因此，中國企業集團合併現金流量表的編制方法應當是：直接法列報的合併現金流量表主體應採用第一種編制方法，即以成員企業獨立現金流量表為基礎的編制方法；在補充資料中應採用第二種編制方法，即以合併資產負債表和合併損益表為基礎的編制方法。

值得注意的是：合併現金流量表的編制與個別現金流量表相比，一個特殊的問題就是在納入合併範圍的子公司為非全資子公司的情況下，涉及子公司與其少數股東之間的現金流入和流出的處理問題。對於子公司與少數股東之間發生的現金流入和現金流出，從整個企業集團來看，也影響到其整體的現金流入和流出數量的增減變動，必須在合併現金流量表中予以反應。子公司與少數股東之間發生的影響現金流入和現金流出的經濟業務包括：少數股東對子公司增加權益性投資、少數股東依法從子公司中抽回權益性投資、子公司向其少數股東支付現金股利等。為了便於母公司的股東、債權人等投資者掌握其現金流量的情況，則有必要將與子公司少數股東之間的現金流入和現金流出的情況單獨予以反應。

（2）合併現金流量表編制舉例，參見例4。

例4：假設A股份有限公司與它持有80%股份的B股份有限公司2001年和2002年的合併資產負債表及其變動如表14-8所示。這些信息資料和表14-7的合併利潤表可用來編制A、B公司的合併現金流量表，如表14-9所示。

表 14-8　A公司與其子公司B公司的比較合併資產負債表　　　　單位：萬元

	2002年年末	2001年年末	變動
資產			
應收帳款（淨）	40,000	50,000	(10,000)
存貨	30,000	25,000	5,000
廠房（淨）	200,000	150,000	50,000
設備（淨）	150,000	120,000	30,000
商譽	11,650	12,000	(350)
資產合計	431,650	357,000	74,650
負債與所有者權益			

表 14-8（續）

	2002 年年末	2001 年年末	變動
應付帳款	18,000	15,000	3,000
長期應付款	20,000	25,050	(5,050)
股本	200,000	200,000	0
資本公積	84,500	84,500	0
未分配利潤	21,150	15,150	6,000
少數股東收益	88,000	17300	70,700
負債與權益合計	431,650	357,000	74,650

表 14-9　2002 年的合併現金流量表（間接法）　　　　單位：萬元

營業活動現金流量	
合併淨收益	15,650
少數股東收益	1,000
淨收益中包括的非現金的費用、收入、損失和利得：	
廠房折舊	4,000
設備折舊	13,000
商譽攤銷	350
應收帳款減少	10,000
應收帳款增加	3,000
存貨增加	(5,000)
營業活動淨現金流入	42,000
投資活動現金流量	
購置廠房	(54,000)
購置設備	(43,000)
投資活動淨現金流出	(97,000)
籌資活動現金流量：	
支付長期應付款	(5,050)
支付多數股東利益	(4,500)
支付少數股東利益	(300)
籌資活動淨現金流出	(9,850)
2002 年現金淨增加	(64,850)

項目十四　合併財務報告分析

6. 中國合併會計報表的特點

從中國《合併會計報表暫行規定》的具體要求及合併報表的基本格式，我們可以看出，中國合併報表具有以下特點：

（1）合併方法既與購買法不同，也與權益集合法不同。在購買法下，必須明確的問題是股權取得日投資方的投資與被購股權企業淨資產的相應價值之差。同時，在合併中應確認企業合併時的商譽。而在權益集合法下，投資企業的投資按增發股票的面值計算，報表合併時不確認商譽。但在中國的《合併會計報表暫行規定》及合併報表的格式中，未出現上述內容及相應規定，因此，我們難以套用國際上流行的方法來認識中國的合併報表。

（2）與合併報表中的「合併價差」項目不同。中國合併報表中的合併價差項目，是指母公司對子公司權益性資本數額與子公司所有者權益總額中母公司所持有的份額抵消時所發生的差額。合併價差主要是由於母公司在證券市場上通過第三者取得子公司股份的情況下而發生的。在母公司對子公司長期股權投資數額大於子公司所有者權益總額中母公司所持有的份額時，則按照該差額，借記「合併價差」；反之，則貸記「合併價差」。事實上，一言以蔽之，「合併價差」就是在該資產負債日「長期股權投資——股權投資差額」科目的攤餘價值。按照《合併會計報表暫行規定》，合併價差屬於長期投資項目的調整項目，應當在合併資產負債表中單獨列示。

值得注意的是，合併價差並不完全等同於合併商譽。合併商譽是母公司對子公司的長期股權投資成本（或購買成本）高於該子公司淨資產的差額，而不包括子公司淨資產與其帳面價值之間的差額。合併價差則對上述兩部分差額不作區分，均涵蓋在內。

（3）合併資產負債表中的「少數股東權益」與合併利潤表中的「少數股東收益」項目符合一般列示慣例。合併資產負債表中的「少數股東權益」項目反應母公司以外的其他投資者在子公司中的權益，表示其他投資者在子公司所有者權益中所擁有的份額。中國規定其應在「負債」類項目與「所有者權益」類項目之間單獨列示。

合併利潤表中的「少數股東權益」項目，也可稱為「少數股東本期收益」或「少數股東損益」，是反應納入合併範圍內的非全資子公司當期實現的淨利潤中少數股東所擁有的數額，即屬於母公司所擁有的數額。少數股東收益作為企業集團總利潤的減項，應在「所得稅」項目之後、「淨利潤」項目之前單獨列示。

（4）與「外幣報表折算差額」項目不同。本項目反應將以母公司記帳本位幣以外

的貨幣編制的子公司會計報表折算為母公司記帳本位幣時所產生的折算差額。在第21號《國際經營會計準則》中提出了選用外幣報表折算的方法，即應根據國外經營單位是國外實體，還是母公司經營活動的有機組成部分，分別採用現行匯率法和時間量度法。如採用現行匯率法，則報表折算損益應採用遞延處理；如採用時間量度法，則報表折算損益應列為當期損益。而根據中國《合併會計報表暫行規定》的規定，中國在使用現行匯率法對以外幣表示的資產負債表進行折算時，所有資產、負債類項目，均按合併會計報表決算日的市場匯率折算為母公司的記帳本位幣；所有者權益類項目，除「未分配利潤」項目外，均按發生時的市場匯率折算為母公司的記帳本位幣。折算後資產、負債類項目與所有者權益類項目合計數的差額，作為「外幣報表折算差額」，在「未分配利潤」項目後單獨列示。

四、對合併報表作用的認識與分析

1. 合併報表財務分析應注意的問題

（1）合併子公司向母公司轉移現金的能力可能會受到某些因素的限制，如果子公司直接進行外部融資的話，這種情況就有可能發生。當存在這些限制因素時，部分合併現金流量可能無法用來分發股利或者對其他子公司進行再投資。相對於沒有受到限制的現金流而言，限制性現金流價值量較低。

（2）權益法下的合併收益包含沒有參與合併的被投資企業的收益，但是合併報表中並未在銷售收入、費用、資產及負債項目的任何一項中得到反應，因此，它在一定程度上會扭曲某些財務比率的含義。簡單地說，如果合併淨收益中包括沒有參與合併的被投資企業的收益，但是合併銷售收入並不包括這些未納入合併範圍的被投資企業的銷售收入，那麼合併淨收益與合併銷售收入之間的比率就難以真實全面地反應管理當局通過銷售活動創造利潤的能力。

對個別企業而言，對其財務狀況的分析，可以採用常規的比率分析方法來進行。但是，在合併報表條件下，根據合併報表資料進行的比率分析，有時會給人造成錯誤的印象，因為當母、子公司在經營範圍和內容上相差很大時，根據合併會計報表計算的各種比率，如流動比率、資產利潤率，就不能反應真實的盈利能力和管理效率。因此，在使用合併報表、採用常規比率分析方法時應對其保持謹慎。例如，根據一家財務公司和一家製造企業的合併損益表數據計算出的財務比率可能毫無意義，因為兩家

項目十四　合併財務報告分析

公司的收入項目和資產或負債項目不相兼容。

（3）合併銷售收入和合併費用等並不因少數股東權益的存在而做調整，包含少數股東收益在內的合併收益反應了管理當局的經營活動，而且他不受所有權安排的影響，這有利於那些側重於評價管理當局經營業績的比率分析。但母公司股東真正能夠使用的實際上只是扣除少數股東收益之後的淨收益。

（4）在使用合併報表數據進行財務分析時，需要注意的一個重要問題是，相對那些來源於不能控制的被投資企業的收益，來自於那些財務政策受到母公司影響的未合併實體的股權收益價值更大。因為它能夠施加影響使得母公司具有決定如何使用與股權收益有關的現金流的能力。

（5）在合併報表的編制過程中，對集團內部交易的剔除以及大部分項目的直接相加，使得對個別報表有意義的信息在合併報表中消失或者失去意義。但是，各類被剔除的項目，對個別企業而言仍是有意義的：債務企業的債務仍然需要償還，實現銷售的企業也已經將實現的收入計入了利潤，等等。

2. 合併報表的局限性

（1）合併報表並不揭示各個別公司的財務狀況、經營成果和資金流轉情況。由於合併報表並不反應進入合併報表編制程序的任何單個企業的信息，因此，合併報表不能用來鑒定各個子公司的個別獲利能力，特別是母公司的股東，不能僅憑合併報表中所揭示的留存利潤來推斷公司的股利支付能力。

（2）合併報表不具有決策依據性。對於信息使用者而言，他們需要進行的決策，是針對集團內的母公司和子公司的，而不是針對並不實際開展經營活動的虛擬的「集團」這一會計主體的，因此，合併報表對信息使用者並不具有重要的決策價值。

（3）由於合併報表主要是為母公司的股東服務的，因此其對子公司的少數股東沒有太大意義。子公司的少數股東為了得到他們所需的對決策有用的信息，還必須使用子公司單獨的報表。

（4）合併報表編制方法的可選擇性以及合併報表的「表之表」的特點，使得合併報表的外在表現呈現出彈性化的特點。在編制個別報表時，企業的報表與帳簿憑證以及實物等有「可驗證性」的對應關係，可用來檢驗報表編制的正確與否。但在編制合併報表時，由於在編制過程中集團內部交易的互相抵消，合併報表與分散在集團內部的各個企業帳簿、憑證及實物不可能存在個別報表中的那種「可驗證性」的關係。因

此，合併報表的正確性僅僅具有邏輯關係正確與否的意義。

鑒於合併會計報表自身的局限性，報表使用者在分析時必須把握合併會計報表的特點，充分瞭解合併報表的母子公司之間的關係和正確理解合併財務報表的數據，從分析企業集團總體情況的這個角度去利用其經濟價值，防止決策誤導，盡可能做到查看合併報表的註解以掌握更充分、全面的信息。根據中國《合併會計報表暫行規定》的規定，合併報表除附註會計報表應附註的事項外，還應當附註如下事項：

（1）納入合併會計報表合併範圍的子公司名稱、業務性質、母公司所持有的各類股東的比例；

（2）納入合併報表的子公司增減變動情況；

（3）未納入合併報表合併範圍的子公司的情況（包括名稱、持股比例）、未納入合併會計報表合併範圍的原因及其財務狀況和經營成果的情況，以及在合併會計報表中對納入合併範圍的子公司投資的處理方法；

（4）納入合併會計報表合併範圍的非子公司的有關情況，包括名稱、母公司持股比例以及納入合併會計報表的原因；

（5）當子公司與母公司會計政策不一致時，在合併報表中的處理方法上，應在未調整直接編制合併會計報表時，在合併報表中說明其處理方法；

（6）納入合併會計報表合併範圍，且其經營業務與母公司業務相差很大的子公司的資產負債表和損益表等有關資料；

（7）需要在合併會計報表附註中說明的其他事項。

五、案例分析

四川明星電力股份有限公司 2000 年合併利潤表主要項目增減變動的情況，如表 14-10 所示。

表 14-10　明星電力股份有限公司 2000 年合併利潤表主要項目增減變動表

單位：元

項目	1999 年年末	2000 年年末	增減額	變動百分比
主營業務收入	206,839,626.65	243,470,530.64	36,631,903.99	17.71%
營業成本	104,038,242.29	125,257,100.29	21,218,857.80	20.40%
銷售費用	1,178,805.87	1,026,411.33	—152,394.54	—12.93%

项目十四　合併財務報告分析

表 14-10（續）

項目	1999 年年末	2000 年年末	增減額	變動百分比
管理費用	22,125,558.57	29,412,244.28	7,286,685.71	32.93%
營業利潤	89,163,416.12	95,359,634.03	6,196,217.91	6.95%
投資收益	3,060,802.40	752,720.11	—2,308,082.29	75.41%
利潤總額	97,349,390.64	95,923,853.12	—1,425,537.52	1.46%
淨利潤	8,3108,647.04	81,660,078.17	—1,448,568.87	—1.74%

從表 14-10 可以看出，四川明星電力股份有限公司 2000 年經營情況有下滑趨勢，尤其是投資收益較差。2000 年與 1999 年相比，集團公司銷售收入增加了 36,631,903.99 元，增長率為 17.71%，但是銷售成本增加了 2,128,857.80 元，增長率為 20.40%，且其增長速度快於銷售收入的增長速度；管理費用也未能得到有效的控制，使營業利潤僅增加了 6,196,217.91 元，增長率為 6.95%，遠低於銷售收入增長率。因此，集團控股公司要改善集團盈利狀況，必須嚴格控制生產成本及企業經營費用。此外，投資收益的大幅度下降最終導致了集團整體盈利水平的下滑，這就提醒了集團管理者應注意投資策略和投資項目的選擇。

以 1996 年為基期，採用相對數分析四川明星電力股份有限公司 1996—2000 年主營業務收入、主營業務利潤和稅後利潤的發展趨勢，如表 14-11 所示。

表 14-11　四川明星電力股份有限公司趨勢分析　　　　單位：萬元

項目	1996 年	1997 年	1998 年	1999 年	2000 年
主營業務收入	85,415,914.98	146,489,843.55	194,970,860.77	206,839,626.65	243,470,530.64
	100%	171.50%	228.26%	242.16%	285.04%
主營業務利潤	34,779,249.40	62,101,882.90	88,674,984.57	100,074,236.11	114,387,928.72
	100%	178.56%	254.97%	287.74%	328.90%
淨利潤	26,267,241.83	50,707,735.45	79,250,337.65	83,108,647.04	81,660,078.17
	100%	193.05%	301.71%	316.40%	310.88%

從表 14-11 的趨勢分析可以看出，該公司銷售收入平穩增長，且增長幅度較大，除了 2000 年，其他各年的淨利潤也表現出增長趨勢。連續幾年銷售收入增長速度較快，說明其產品的市場適應性較好，生產規模的擴張較好。2000 年集團的稅後利潤增長速度快於主營業務收入，但慢於主營業務利潤，說明集團仍有較好的發展前景，但需加強對生產成本和費用的控制。另外，儘管 2000 年銷售收入增長幅度較大，但是淨利潤

209

財務報表分析

的增長幅度反而下降了。總之，該公司的趨勢分析向我們展示了該公司是一個具有良好盈利能力的成長型企業。從投資者的角度來看，此集團具有較好的發展潛力、值得投資；而從債權人角度來看，則應積極找出影響淨利潤下滑的因素。

合併淨利潤代表的是母公司股東的淨利潤，合併利潤分配表的年末未分配利潤與母公司的年末未分配利潤數額相同。雖然母公司與集團公司利潤表所列示的收入、費用及明細項目完全不同，但由於母公司投資收益已被分解包含在合併報表的收入、費用、所得稅等各項目中，所以最終報表的淨利潤數額並不存在差異。另外，在合併淨利潤中，一般總是包括各子公司的利潤，但是在合併報表中無法看出各公司利潤的具體數額及其對集團公司淨利潤的影響，而且在子公司未把其利潤作為股利轉給母公司之前是不能用來發放母公司股利的。因此，單憑合併報表來判斷集團公司實際可供支配的利潤，容易給投資者造成假象。

與個別公司的會計報表相比，在合併報表分析中，我們應關注的另一重要項目是合併價差，它列示於長期投資項目下，通常在母公司從證券市場上通過第三者取得子公司股份的情況下發生。

在某些情況下，關聯方之間通過虛假交易可以達到提高經營業績的假象。即使關聯方交易是在公平交易基礎上進行的，重要關聯方交易也可以提供可能未來發生，而且很可能以不同形式發生的交易類型的要素。因此，為了掌握該公司真實的會計信息，合併報表使用者還需進一步查看會計報表附註的有關內容。

任務二　分部報告的分析

一、分部報告的概念和必要性

分部報告（Segment Report）是向會計信息使用者提供以地區、行業類別分解歸類的有關企業所有附屬機構的分散的財務信息的報告。分部報告通常是作為財務會計報告的一個組成部分予以披露的。在企業財務會計報告披露合併會計報表的情況下，則

項目十四 合併財務報告分析

分部報告的披露以該合併會計報告表為基礎列報；而在其財務會計報告中僅披露個別會計報表的情況下，則其分部報告的披露以個別會計報表為基礎列報。

進入20世紀90年代，全球掀起了一股公司併購的浪潮，其結果就是產生了一批跨行業、跨國界的大型集團化公司。這些集團化公司，往往橫跨幾個性質、風險、獲利能力迥異的產業和市場，有時還面臨著分部所在地政治的動盪、政府的變更、法律的變化等影響，因此要分析其經營風險，預測其經營業績，則有必要使用其按不同地區提供的各地區分部的會計信息。在前文合併會計報表的財務分析中，我們已經講到了合併會計報表的意義在於公允地表達了整個企業集團的財務狀況和經營成果，但其缺點之一就是隱匿了跨行業、跨地區經營的重要信息，混淆了企業的真實財務狀況和經營成本。分部報告的出現，無疑彌補了合併報表的不足，成為合併信息的必要補充。通過分部報告，可以更全面地理解企業以往的整體生產經營業績和各生產經營地每一類產品的業績，同時更準確地評估企業在各生產地區的風險和回報，瞭解各種產品或業務所處的發展階段、風險大小、回報率的高低。

二、分部及可報告分部的確定

1. 分部的確定

所謂分部，是指企業內部可區分的、專門用於向外提供信息的一部分。影響分部劃分的中心問題是風險和報酬。目前，世界各國普遍採用以行業（產品和服務）和地區劃分的方法，形成了所謂的「行業分部」（Industry Segments）或「經營分部」（Business Segments）和地區分部（Geographical Segments）。對於經營分部的確定，英國在1990年發布的SSAP 25「分部報告」中建議考慮如下因素：

（1）產品或服務的性質；
（2）生產過程的特點；
（3）產品銷售或服務的市場；
（4）產品的銷售渠道；
（5）企業活動的組織方式；
（6）一些與經營活動有關的立法。

對於地區分部的確定，SSAP 25建議考慮如下因素：

（1）寬鬆或有限制的經濟環境；

（2）穩定或不穩定的政治體制；

（3）外匯控製法規；

（4）匯率變動。

但是，上述確定分部的方法包含了太多的主觀因素，往往會受到管理當局的操縱。同時，內外管理分部的劃分與對外報告的不一致，也導致了企業信息成本的增加。1997年，美國財務會計準則委員會（FASB）發佈的SFAS 131，對分部的劃分採用了「管理法」（Management Approach），成功解決了這一問題。所謂用「管理法」確定分部，即以企業內部管理當局為進行經營決策、分配資源和評價業績而組織的分部為基礎，確定對外報告的分部。SFAS 131代表著分部報告發展的新動向，將對分部報告的變革產生深遠影響。

2. 可報告分部的確定

按照效益大於成本的原則，可報告分部的確定必須符合重要性測試標準。一個經營分部或地區分部，如果它取得的收入主要來自於外部客戶，且符合以下條件之一，應將它定義為一個可報告分部：

它取得的來自外部客戶和分部間的銷售收入，占所有分部外銷和內銷總收入10%以上；它取得的經營成果，不論是利潤或虧損，占所有盈利分部合併成果或所有虧損分部合併成果（取絕對數大者）的10%以上；它的資產占所有分部總資產的10%以上。

此外，各國準則一般都規定，所有報告分部的外銷收入合計應不低於一個公司合併總收入的75%，否則，應增加可報告分部的數量，但可報告分部的數量應以10個為宜。沒有列入可報告分部，但能產生收入的其他活動的財務信息，應該匯總列示在「其他」項目中。

在中國財政部新發佈的《企業會計制度》中，對分部報告的編制範圍則做了如下規定：

滿足下列三個條件之一的，應當納入分部報表編制的範圍。

分部營業收入占所有分部營業收入合計的10%或以上（這裡的營業收入包括主營業務收入和其他業務收入，下同）。

分部營業利潤占所有盈利分部的營業利潤合計的10%或以上；或者分部營業虧損占所有虧損分部的營業虧損合計的10%或以上。

分部資產總額占所有分部資產總額合計的10%或以上。

項目十四　合併財務報告分析

如果按上述條件納入分部報表範圍的各個分部的對外營業收入總額低於企業全部營業收入總額75%的，應將更多的分部納入分部報表編制範圍（即使未滿足上述條件），以至少達到編制的分部報表各個分部對外營業收入總額占企業全部營業收入總額的75%及以上。

納入分部報表的各個分部最多為10個，如果超過，應將相關的分部予以合併反應；如果某一分部的對外營業收入總額占企業全部營業收入總額90%及以上的，則不需編制分部報表。

由此可見，中國現階段關於報告分部的確定標準，與前述國際標準大致相符。

三、分部信息披露

分部報告的形式分為主要分部報告形式和次要分部報告形式，確定分部報告的主要報告形式和次要報告形式通常應從企業自身的經營風險和回報的主要來源、企業內部組織和管理結構等方面綜合考慮。由於企業性質和特點的差異，因此披露分部信息時所依據的重點也有所不同，有的企業以經營分部為主，有的企業以地區分部為主，而有的則以經營分部和地區分部並重。從而形成了「首要和次要分部報告模型」和「混合表述模型」。首要分部報告模型，不論是以經營分部為主，還是以地區分部為主，都能披露比次要報告模型更為詳細的信息。其中，地區分部信息有兩種表現形式，一是以客戶分佈（銷售地）為基礎，一是以資產分佈（生產地）為基礎。企業可根據各自的經營特點選擇其中一種來代表地區分部。混合表述模型即將經營分部和地區分部都作為首要報告模型，按相同的基礎充分披露分部信息，也即等量信息披露。值得注意的是，企業無論選擇哪一種模型，都必須遵循「效益大於成本」的原則，以盡可能滿足會計信息使用者的需要為出發點。

分部報告對外進行披露的方式大致有三種：（1）在財務報表中披露，並在財務報表附註中的適當說明；（2）在企業財務報表的附註中披露；（3）以附表的方式披露。多數國家都傾向採用第二種披露方式。

在中國頒布的《企業會計制度》中，分部報告是作為利潤表的附表予以披露的。無論是以經營分部為主要報告形式還是以地區分部為主要報告形式，都要求披露以下主要分部信息：（1）分部營業收入；（2）分部銷售成本；（3）分部期間費用；（4）分部營業利潤；（5）分部資產；（6）分部負債；（7）披露的分部信息與合併會計報表或

財務報表分析

個別會計報表中總額信息之間的調節情況。

中國分部報告的格式如表 14-12、表 14-13 所示。

表 14-12 分部報表（業務分部）

編製單位：＿＿＿＿＿＿＿年度　　　　　　　　　　　　　　　單位：元

項目	××業務		××業務		…	其他業務		抵消		未分配利潤		合計	
	本年	上年	本年	上年		本年	上年	本年	上年	本年	上年	本年	上年
一、營業收入合計													
其中：對外營業收入													
分部間營業收入													
二、銷售成本合計													
其中：對外銷售成本													
分部間銷售成本													
三、期間費用合計													
四、營業利潤合計													
五、資產總額													
六、負債總額													

表 14-13 分部報表（地區分部）

編製單位：＿＿＿＿＿＿＿年度　　　　　　　　　　　　　　　單位：元

項目	××業務		××業務		…	其他業務		抵消		未分配利潤		合計	
	本年	上年	本年	上年		本年	上年	本年	上年	本年	上年	本年	上年
一、營業收入合計													
其中：對外營業收入													
分部間營業收入													
二、銷售成本合計													
其中：對外銷售成本													
分部間銷售成本													
三、期間費用合計													

項目十四　合併財務報告分析

表 14-13（續）

項目	××業務		××業務		…	其他業務		抵消		未分配利潤		合計	
	本年	上年	本年	上年		本年	上年	本年	上年	本年	上年	本年	上年
四、營業利潤合計													
五、資產總額													
六、負債總額													

四、分部報告的財務分析

分析分部報告的目的一般是為了評價公司的經營和財務風險、利潤的來源以及未來的發展前景。以此為出發點，在瞭解了有關報告基礎的定義、共同成本分配性質、內部轉移價格的定價方式以及這些項目是否在公司得到有效執行的基礎上，結合管理部門的設定目標、管理戰略及分部報告單位業績的單獨分析，可以從以下方面來對分部報告進行財務分析。

（1）通過對分部報告單位的財務報表的分析確定公司內部與外部銷售之間的傳統關係，從而瞭解分部銷售業務對外部客戶的依賴程度。

（2）計算每一分部報告單位的非公司銷售與利潤對整個公司銷售與利潤的貢獻大小，從而確定每一分部的相對重要性。

（3）利用指數和增長率分析來確認和比較不同報告分部的增長率水平、銷售水平、利潤水平以及整個公司增長率變動的原因。

（4）計算每一分部報告單位的淨資產收益率和資產報酬率，以確定每一分部相對獲利能力和其與整個公司獲利水平的關係。

（5）比較每一分部報告單位的資產相對分佈的百分比，以評價公司資產基礎的變動特點。

（6）計算每一分部報告單位的資產週轉率，以確定每一分部資產利用的效率以及不同分部對整個公司資產利用效率的影響。

（7）綜合對資產週轉率、淨資產收益率和資產報酬率等指標進行的分析，確定週轉率和獲利指標對每一分部資產報酬率指標的影響，並解釋每一分部對整個公司資產回報變動的影響。

此外，有別於其他領域中的財務分析，分部報告的分析除了利用現有數據之外還需利用其他來源的信息，如分部報告單位、主要客戶、相關行業、地理環境以及經營特點等有關情況，因為這些信息往往會影響公司未來發展狀況的報告。

值得注意的是，由於管理人員有權確定其管理單位和分部報告實體，因而一家公司的分部數據可能往往與另一家公司的分部數據之間並不具有可比性。

五、中國分部信息披露的現狀

在對分部信息披露方面，中國證監會在其發布的《公開發行股票公司信息披露的內容與格式準則第 2 號——年度報告的內容與格式》（本章中以後簡稱《年度報告的內容與格式》）的附件《會計報表附註指引》中首次要求上市公司在所披露的年報附註中披露分行業資料。財政部 1998 年頒布的《股份公司會計制度》，也要求股份公司以會計報表附表的形式披露分部財務信息。在最新發布的《企業會計制度》中，對分部報告披露的項目、披露的格式等較以往做了較詳細的規定。但總的來說，中國目前的分部報告披露在具體執行中還有許多方面的規範有待統一。

從中國上市公司分部信息披露的現狀來看，它具有如下特點：

（1）中國證監會在《年度報告的內容與格式》中，只要求披露分行業信息，列示公司不同行業的營業收入、營業成本和營業毛利等三個指標，而不要求披露地區分佈信息。這導致了那些行業特徵不明顯而地區分佈差異較大的公司不披露信息，或者信息披露缺乏完整性，削弱了分部報告的信息量。

（2）行業分類多種多樣，缺乏相對統一的行業分類標準。行業的合併與分列，應以所具有的風險和報酬為依據，而上市公司報表編報者所列示的行業顯示了明顯的隨意性。因此，有必要設立一定的上市公司行業分類標準，供公司管理當局參考。為了避免公司管理當局操縱分部及可分部報告的確定，一方面應加強註冊會計師的審查，另一方面建議參考採用美國分部確定的「管理法」，將對內、對外報告結合起來，披露分部間的內部轉移價格，揭示分部間的關聯交易。

此外，在根據中國證監會的《年度報告的內容與格式》的有關規定進行操作的過程中，中國上市公司分部信息的披露還出現了可報告分部的確定標準過於簡單、缺乏分部報告明確具體的操作指南等不足。值得注意的是，這些不足在新頒布的《企業會計制度》中都得到了很大程度的彌補，但是由於多種原因，二者在具體操作中的統一

絕非一朝一夕可以完成，還有一個漸進的過程。因此，如何加強信息披露的規範化、法制化，是當前亟待解決的問題。

復習思考

1. 企業合併的主要原因？
2. 合併會計報表的合併範圍？
3. 合併會計報表的一般原理？
4. 分佈報告的概念和必要性。

國家圖書館出版品預行編目(CIP)資料

財務報表分析/ 吳曉江、戴生雷、史予英 主編. -- 第一版.
-- 臺北市 : 崧燁文化, 2018.08

　面 ；　公分

ISBN 978-957-681-534-8(平裝)

1.財務管理 2.財務報表

494.7　　　　107013871

書　　名：財務報表分析
作　　者：吳曉江、戴生雷、史予英 主編
發行人：黃振庭
出版者：崧燁文化事業有限公司
發行者：崧燁文化事業有限公司
E-mail：sonbookservice@gmail.com
粉絲頁　　　　　　網　　址：
地　　址：台北市中正區重慶南路一段六十一號八樓 815 室
8F.-815, No.61, Sec. 1, Chongqing S. Rd., Zhongzheng
Dist., Taipei City 100, Taiwan (R.O.C.)
電　　話：(02)2370-3310　傳　真：(02) 2370-3210
總經銷：紅螞蟻圖書有限公司
地　　址：台北市內湖區舊宗路二段 121 巷 19 號
電　　話：02-2795-3656　　傳真：02-2795-4100　網址：
印　　刷 ：京峯彩色印刷有限公司（京峰數位）

　　本書版權為西南財經大學出版社所有授權崧燁文化事業有限公司獨家發行
　　電子書繁體字版。若有其他相關權利及授權需求請與本公司聯繫。

定價：400 元

發行日期：2018 年 8 月第一版

◎ 本書以POD印製發行